除染と国家

21世紀最悪の公共事業

日野行介
Hino Kousuke

a pilot of wisdom

目　次

2015年福島県浪江町　撮影／中筋純

序　章

除染幻想
壊れた国家の信用と民主主義の基盤

2016年福島県浪江町　撮影／中筋純

二〇一一年の東京電力福島第一原発事故に伴う放射能汚染対策の実態を知ることは、国家の信用と民主主義の基盤が破壊された現実を直視することである。

実は、この数年間に国政を揺るがした問題は3・11に付随する問題とすべて同根なのである。南スーダンに派遣された陸上自衛隊の日報隠蔽問題、森友・加計の両学園問題、裁量労働制に関する厚生労働省のデータ問題、施政に関する公文書の隠蔽、改竄《かいざん》、意図的な削除、説明責任の放棄、責任の所在の不明確さ、国民無視……。

判で押したように、同じことが行われている。中央政界の腐敗のずっと以前から、この国の崩壊は始まっているのだ。

あの事故から七年が経《た》った。

放出された放射性物質の推計は900ペタベクレル。避難指示が出たのは福島県内の一一市町村で約一一五〇平方キロメートル（国会事故調報告書）。事故後に定められた「放射性物質汚染対処特別措置法（除染特措法）」に基づき、追加被曝《ひばく》線量が年間1ミリシーベルトを超えて除染の対象となった「汚染状況重点調査地域」は福島を含む八県一〇四市町村、約二万四〇〇〇平方キロメートルに及んだ。そして、避難者は二〇一二年五月のピーク時には福島県だけで約一六・五万人に上った。

広範囲の放射能汚染に対して、これまでこの国の政府は住民の避難ではなく、土木工事で放射性物質を集める除染を政策の中心に据えてきた。

除染とは本来、人間の身体や施設に付着した放射性物質を洗い落とす行為を指す。だがこの事故後、その意味は変容した。

事故後に使われている「除染」とは、放射性物質が不着した庭や田畑の表土をはぎ取って集め、フレコンバッグと呼ばれる大きな袋に詰めていく作業を指す。

除染作業は巨額の費用と膨大な人手をかけた壮大な国家プロジェクトだ。二〇一六年度末までに延べ約三〇〇〇万人の作業員が従事し、二兆六二五〇億円もの国費が投じられ、おおむね作業が終了した。この費用は東電がすべて支払う建前だが、実際にそうなるかは今も分からない。

除染とはいったい何だったのか?

だが本当に除染は終わったのだろうか? 福島の山野には除染で集められた汚染土の詰まったフレコンバッグが積み上げられたまま置かれている。福島県内だけで最大二二〇〇万立方メートルとも推計される汚染土をどう処分するのか、それにはどのくらいの費用がかかるのか、そして、誰がこの汚染土を最終的に引き受けるのか、先行きはいまだ見えない。

また、放射能が降り注いだ土地のほとんどは山林だ。樹木を切り取り、表土をことごとくはぐことなど到底不可能だと除染を始める前から誰もが分かっていた。結局山林では放射能が減衰するのを待つしか手はなく、その期間は数百年に及ぶ。

除染とはいったい何だったのか? そもそも効果があったのか? この国家プロジェクトが始動する前からチェルノブイリなど海外の原発事故の事例を知る人の間では、疑う声は少なくなかったが、はっきりと指摘した人は残念ながらほとんどいなかった。

「早く元通りに暮らしたい」「早く復興をしたい」。除染に期待する被災者や自治体の声ばかりが繰り返し報じられる中、疑問を口にするのをためらう空気が広がっていたのだ。

そして、政府は二〇一七年春、除染作業の終了とタイミングを合わせ、「帰還困難区域」を除いて避難指示を一気に解除した。原発事故避難者への賠償は避難指示に伴う形になっており、解除は賠償打ち切りの最後のステップになる。

避難指示区域外からの、いわゆる自主避難者はさらに悲惨だ。マンションやアパートの空き部屋を自治体が借り上げた「みなし仮設住宅」の提供は同年三月末で打ち切られ、退去するよう求められた。避難生活を続けるか、戻らずに移住するというなら、「自己責任でどうぞ」というわけだ。つまり「避難」は終わりだというわけだ。放射能汚染は実質的に何一つ解決していないにもかかわらず。

「失言」ににじむ本音、引き上げられた安全基準

今村雅弘復興相が二〇一七年四月、記者会見でフリージャーナリストの追及を受けて激高し、「自己責任だ」と発言したことが問題になった（今村氏は三週間後、「震災が東北でよかった」とさらに失言を重ねて復興相を辞任）。

だが、これは果たして「失言」だろうか。

汚染が消えたわけではない土地に帰るか、自力で避難を続けるか選ぶよう迫っているのだから、まさにこの国の政府の本音なのだ。

避難と除染はそもそもなぜ必要か？　それは、いずれも被曝軽減が目的である。そして被曝軽減の手段としては汚染地を離れる避難のほうがより根本的であり、除染は離れられない人々のための補助的な対策だ。

だが、みなさんは覚えているだろうか。この国の政府は事故直後、「緊急時」であることを理由に避難指示基準となる線量を年間20ミリシーベルトに引き上げた。そして、除染を実施する基準を年間1ミリシーベルトに設定した。これは「年間20ミリシーベルトまでは除染をするから避難をする必要はない」という「国策」だ。避難区域を狭めたい意思は明らかだった。

しかし政治家や官僚たちはこの国策の本質を説明しなかった。その一方で、除染の効果を懸命にアピールしてきた。そうして、除染によってきれいさっぱり汚染がなくなり、安心して暮らせる日がすぐにまた訪れる――そんな幻想ができあがった。被災者にすれば「避難か除染か」という選択をした覚えなどなく、幻想の背後で、いつの間にか一方的に決められ、押しつけられたというのが実感だろう。為政者たちも政策決定の正当性が怪しいことを自覚しているからこそ、はっきりした物言いを避けてきたのだ。

一方、原発事故や除染、避難者をめぐる一連の報道は残念ながらフェイドアウトして今では本当に少なくなった。原発事故から七年が過ぎ、報道に対する反響も小さくなったのを実感せざるを得ない。スキャンダルが絶えない中央政界からはもはや福島についての発信はほとんど消えている。

汚染が消えてなくなったわけではなく、事態の重大性は変わっていない。にもかかわらず原発事故に対する社会の関心そのものが薄れているのだ。

だが、筆者はなぜ原発事故と除染の問題を追い続けているのか？ それは冒頭に述べた通り、あの事故とその後の対応が、この国の典型的な病を期せずして露呈し、本質的な問題を突きつけているからにほかならない。

福島県の県民健康管理調査（現・県民健康調査）をめぐる「秘密会」を二〇一二年一〇月に特報したのを皮切りに、筆者は「健康調査」「自主避難と線量基準」「住宅政策」、そして「除染」と、ほぼ一年ごとにテーマを変えながら、この原発事故の被災者政策のありようを追い続けてきた。

テーマによって担当する省庁や官僚は違うはずなのに、その行動パターンはいつも同じだ。密室で検討し、被災者の要望とかけ離れた施策を打ち出し、「決まったことだから」と押しつける。

「ここは議事録に残してもらったら困るんだけど」

「議事録はいったん破棄してもらって」

汚染土再利用の濃度基準を検討するための環境省の「秘密会議」の録音には、意図的な公文書の隠蔽や改竄を示す発言が残されていた。

除染とは何だったのか?

この国の為政者たちは「復興の加速化」なるスローガンを掲げ、汚染が残っている現状を無視して、この事故を一方的に、そして早く幕引きしようと進めてきた。その最大の武器となったのが除染であり、そして除染がふりまいた幻想なのだ。

国民の関心が薄れるほど、そして、為政者の政策が不透明になるほど、一方的な国策を進めやすくなる。欺瞞《ぎまん》に満ちた一方的な国策は、この国の民主主義を支えてきた基盤を壊しつつある。国家への信用と社会の基盤を壊す空虚な除染の幻想から目をそらしてはならない。それはこの国の病そのものだから。

(本文に登場する人の肩書・役職などは当時のままとした)

第一章

被災者に転嫁される責任
汚染土はいつまで仮置きなのか

2018年福島県福島市信夫山中腹の仮置き場　撮影／中筋純

福島県外の汚染土

福島第一原発事故に伴う除染で発生する汚染土の量を国は最大二二〇〇万立方メートルと推計している（環境省が二〇一八年三月に出した『東京電力福島第一原子力発電所事故により放出された放射性物質汚染の除染事業誌』（『除染事業誌』）によると、二〇一七年末時点での発生量は約一五〇〇万立方メートルとなっている）。ただ、この数字は福島県内に限ったもので、除染自体は栃木や茨城、千葉など東日本の広い範囲で行われた（福島県内は圧倒的に多量である。後述の通り、それは作業内容の違いによるところが大きい）。

各地の除染作業で集めた汚染土はフレコンバッグに詰められ、作物を植えていない田畑に積み上げるか、自宅の庭先などに埋めて仮置きを続けている。今では被災地の様子が伝えられる機会は減ったが、広大な面積を埋めるフレコンバッグ群の光景や写真を目にした人はその異様な様子に驚くだろう。

この後どうなるのか。

現在の計画では福島県双葉町《ふたばまち》と大熊町《おおくままち》に建設中の中間貯蔵施設に運び込み、最長三〇年間保管した後、まだ決まっていないが、どこか県外で「最終処分」することになっている。

ただし、これも福島県内の汚染土に限定されており、県外の汚染土は大半が庭先や公共施設の敷地内に埋められたままで、処分方法さえ決まっていないのが実態である。にもかかわらず大規模な保管施設や処分場を造る動きはなく、「このまま埋めておくのだろう」という諦めの空気も漂っている。

この章では危機的な状況であることに比して、周縁の小さな問題と思われがちな県外の汚染土から見ていきたい。

環境省がホームページにアップしたデータによると、福島県外では、岩手、宮城、茨城、栃木、群馬、埼玉、千葉の七県計五六市町村で、計約三三万立方メートル（二〇一八年三月末時点）の汚染土を保管している。このうち仮置き場にあるのはわずか約一万八〇〇〇立方メートルで、残る約三一万立方メートルは住宅の庭先などに現場保管されており、その保管場所は約二万八〇〇〇カ所に及ぶ。

総量だけで見れば、最大二二〇〇万立方メートルと推計される福島県内分に比べればごくわずかだ。しかしフレコンバッグ一個を一立方メートルとして単純計算すると、保管するのは一カ所あたり一一個となる。それが庭先に埋められている重圧を想像してみてほしい。

汚染土との共存を強いられたままの人たち

ところで福島県外の汚染土については、一つの大きな誤解があるように思う。

例えば、栃木県塩谷町《しおやまち》や宮城県加美町《かみまち》などで、国による最終処分場の設置に強く反対している様子がしばしば報道されてきた。この最終処分場は汚染土の処分先と思われがちだが、実はそうではない。

この最終処分場は放射能で汚染された廃棄物（指定廃棄物）の処分先であって、汚染土の持ち込み先という位置付けではない。汚染されていても「土」は「廃棄物」ではなく、「資源」という扱いだからだ。

福島県外で汚染土の保管量が最も多いのが、福島第一原発から南西に約九〇キロの栃木県那須地域だ。

その保管量は、那須塩原市が六万四七八二立方メートル、那須町《なすまち》が二万三六八三立方メートルで、福島県外で保管する汚染土の約四分の一を占める（二〇一八年三月）。

二〇一六年八月、リオデジャネイロ五輪のメダルラッシュで国内が沸き立つ中、筆者は汚染土取材のため那須に通った。

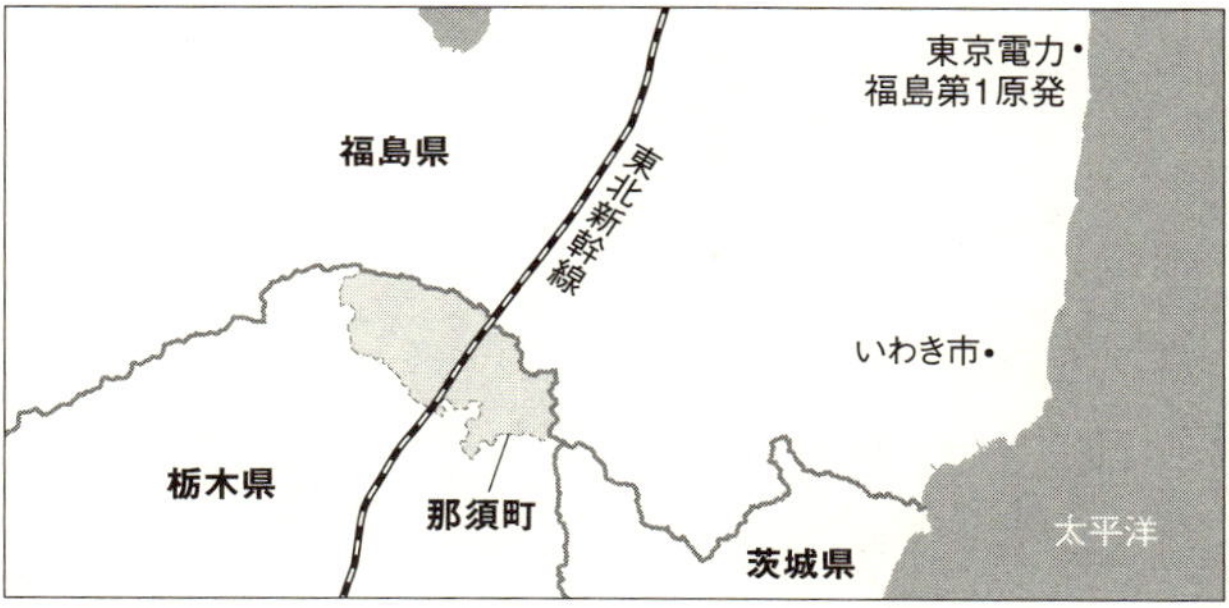

栃木県那須町

東北新幹線「なすの」号に乗ると、東京から一時間余りで那須塩原駅に到着する。那須と言ってまず思い浮かぶのは、天皇皇后両陛下が毎年夏に訪問される那須御用邸（那須町）だろう。

明治期には別荘開発が始まっていたという歴史ある避暑地で、那須町の全住宅約二万二〇〇〇戸のうち、半分近い約九七〇〇戸が住民登録のされていない別荘なのだという。

田代真人さん（当時七三歳）と弘子さん（当時六九歳）夫妻の自宅も別荘が集まる一角にあった。夫妻は長らく千葉県内の団地で暮らしていたが、二〇〇七年に真人さんの定年退職を待って那須町に移り住んだ。周囲をブナやシラカバなどの木々に囲まれ、いかにも避暑地といった風情が漂う。このころ、東京都心では三五度を超える猛暑日が続いていたが、手元の温度計を見ると、くもり空とはいえ、気温は二五度しかなかった。

広いウッドデッキから部屋の中にお邪魔した。当然だがエアコンのスイッチは入っていない。真夏でもつけることはほとんどないという。

家の中心には太い杉柱があり、内壁は自然素材の白い漆喰《しっくい》だった。リビングルームの真ん中には大きな薪《まき》ストーブが据え付けられていた。自然志向の暮らしをしているのが一目で分かった。

この家を建てるにあたり、夫妻はある著名な建築家に設計を頼み込んだ。何度も手紙を出し、事務所に通い詰めて何とか引き受けてもらったのだという。

二人が望んだ通りの「終《つい》の棲家《すみか》」が完成し、庭には大好きな草花を植えた。近所を歩けば安くて新鮮な野菜が手に入り、気が向けば近くの温泉に浸《つか》かって体を休める。何一つ不満のない老後の暮らしだった。だが、あの事故ですべて崩れ去った。

事故直後、雨樋《あまどい》の下で放射線量を測ると、毎時5マイクロシーベルトを超え、ガイガーカウンターのアラームが鳴り止《や》まなかった。大好きだった地元の野菜も買うのを控え、生協から宅配を受けることにした。そして放射能が濃縮したストーブの焼却灰は、どこも処分を引き受けてくれない。

一時は部屋を閉め切り、空気清浄機をかけっ放しにした。そして弘子さんは放射能を少しでも落とそうと部屋の隅々まで雑巾で拭き続けた。何度も何度も。「気休めと分かってはいるのだけど……」と当時の悔しさを振り返った。

希望は除染だった。除染さえされれば元の生活に戻れるのではないかと期待した。

しかし除染作業がやって来たのは、事故から三年も過ぎたころだった。おまけに取ったのは、雨水が落ちて放射線量が高くなる軒下の土だけ。環境省の指針では、宅地全体の表土除去は事実上福島県内に限定されており、県外はスポット的な表土除去しか認められていない。そして取った汚染土は今も裏庭に埋められたままだ。夫妻にとって除染も気休めに過ぎなかった。

那須町の田代さん宅。わずかに土を取った後には砂利が敷かれていた

残酷な質問と思いつつも、「千葉に戻ろうと思わなかったのか」と尋ねた。真人さんは苦痛に満ちた表情で答えた。

「この家に愛着はあるし、この歳《とし》で新たな家なんか建てられない」

那須地域の住民約七〇〇〇人が福島県内の自主的避難対象区域と同等の損害賠償を求めている原発ADR（国の原子力損害賠償紛争解決センターへの和解仲介手続き）の集団申し立てに田代夫妻も加わっていた。

金目当てではない。福島県内から遠くに逃れた自主避難者に対するこの国の冷酷ぶりを見れば、満足な賠償を得られないのは百も承知だ。被害者として認められず、無視されたまま泣き寝入りをしたくない一心だった。そんな人々がこの那須地域に七〇〇〇人もいる。

国の原子力損害賠償紛争解決センターは二〇一七年七月二一日、和解案を提示しないまま、ADRの仲介手続きを打ち切った。

行政の欺瞞の新たな被害――新築したマイホームの真下に汚染土

犠牲を強いられているのは発生時に土地と家を持っていた人だけではない。

福島県内の除染は、国の避難指示区域内（除染特別地域）を環境省の直轄で実施し、区域外（汚染状況重点調査地域）を市町村が実施してきた。もちろん実際の作業にあたるのは建設業者の作業員たちだ。かかった費用はいったん国が立てかえ、東電に請求することになっている。

避難指示区域の内外で異なるスキームは汚染土の保管にも反映されている。作業当時は人が住めなかったということもあるが、区域内は国が借りた田畑などに集中して仮置きする一方、区域外では除染現場の庭先に埋めるなどして分散して仮置きしているケースが多い。

ここからは、住民が住み続けている区域外における汚染土の保管がいかに場当たり的で、無責任に行われ、二次被害を生み出しているのか、象徴するケースを見ていきたい。

二〇一六年四月上旬、野党の衆院議員秘書から「取材してほしいことがある」と連絡を受けた。

話の概要はこのようなことだ。

三〇代の夫妻が福島市内にマイホームを建てるため、汚染土の詰まったフレコンバッグが敷地内に埋められている土地を購入した。福島市から前の所有者を通じて渡された見取り図にしたがって埋設場所を避けて家を新築したが、しばらく経って、市がフレコンバッグを仮置き場に移すため掘り起こしたところ、一部が家の真下に埋まっていることが分かり、すべて取り出せなかった。不正確な見取り図が問題だと市に抗議したが、まったく取り合ってもらえないとのことだった。

さっそく夫妻にアポイントメントを取り、四月七日午後、現地取材に向かった。夫妻の自宅

汚染土の取り出し作業中の大槻さん宅。真下に入り込んでいるのが見つかった（写真提供＝大槻さん）

はJR福島駅から北に二キロほどの新興住宅地にあった。駅からタクシーに乗って一〇分ほどで到着し、周囲を見渡すと、真新しい屋根や外壁の一戸建て住宅が建ち並んでいた。聞けば、避難指示区域からの被災者が移住のため建てた住宅が多いという。

夫の大槻真さん（当時三七歳）はパソコンを開き、「これを見てほしい」と、いくつかの画像をモニター上に取り出した。

二〇一五年一〇月、市の委託業者が汚染土の入ったフレコンバッグを地下から取り出すため、玄関先の一角を掘り返した。画像はその際に撮影したもので、玄関ポーチの周囲が深さ一メートルほど掘り起こされていた。

埋められていたフレコンバッグは六個。二個まで順調に取り出したものの、作業はそこで止まった。

残る四個は玄関ポーチと奥にある風呂場の真下にまで入り込んでおり、無理に取り出そうとすれば建物が傾きかねない。すべて取り出すのを諦め、いったん土を埋め戻した。四個は今も家の真下に埋まったままだ。

なぜ、こんなことになったのか。除染作業が終わると、市は除染の前後で空間線量がいかに下がったかを記録した「モニタリング票」と呼ばれる文書を土地の所有者に送る。そこには埋設場所を記した敷地の見取り図も付いていた。大槻夫妻はこの土地を買った際、不動産業者を通じて前の所有者から見取り図が付いたモニタリング票を引き継いだ。大槻夫妻はこれを家の建築業者に渡し、埋設場所を避けて家を新築するよう求めた。しかし落とし穴があった。この見取り図が不正確、いや杜撰《ずさん》だったため、汚染土の詰まったフレコンバッグの真上に家を建ててしまったというのだ。

誤りを認めない行政

杜撰なのは埋設場所だけではなかった。問題の見取り図を見せてもらうと、放射線の測定地点の一つから敷地境界までの距離が「一・三メートル」と記載されていた。しかし夫妻が実際に距離を測ってみたところ、実際には二倍の二・六メートルあったという。線量の低減効果はあったようだ。例えば埋設場所は毎時1マイクロシーベルトが同0・25マイクロシーベルトに、庭も同1・04マイクロシーベルトが0・19マイクロシーベルトになっていた。

夫妻はすぐに市の除染担当部署に抗議した。すると担当者は図面が不正確なことをあっさり認め、「位置は目安でしかない」「業者が市に連絡してくれればよかったのに」と開き直り、市の責任を一切認めなかった。

夫妻は知人を通じて地元の民放テレビ局に取材を依頼。二〇一六年三月にニュース番組の特集として取り上げられたが、市からは何の連絡もなかった。

一時間ほどすると、妻のひろさん（当時三八歳）が長男を連れて帰宅した。二人とも若々しく、外見は三〇歳前後に見える。行政にモノ申す「活動家」のイメージとはほど遠い。そんなひろさんから「今回は話を聞いてくださってありがとうございます」と深々と頭を下げられて

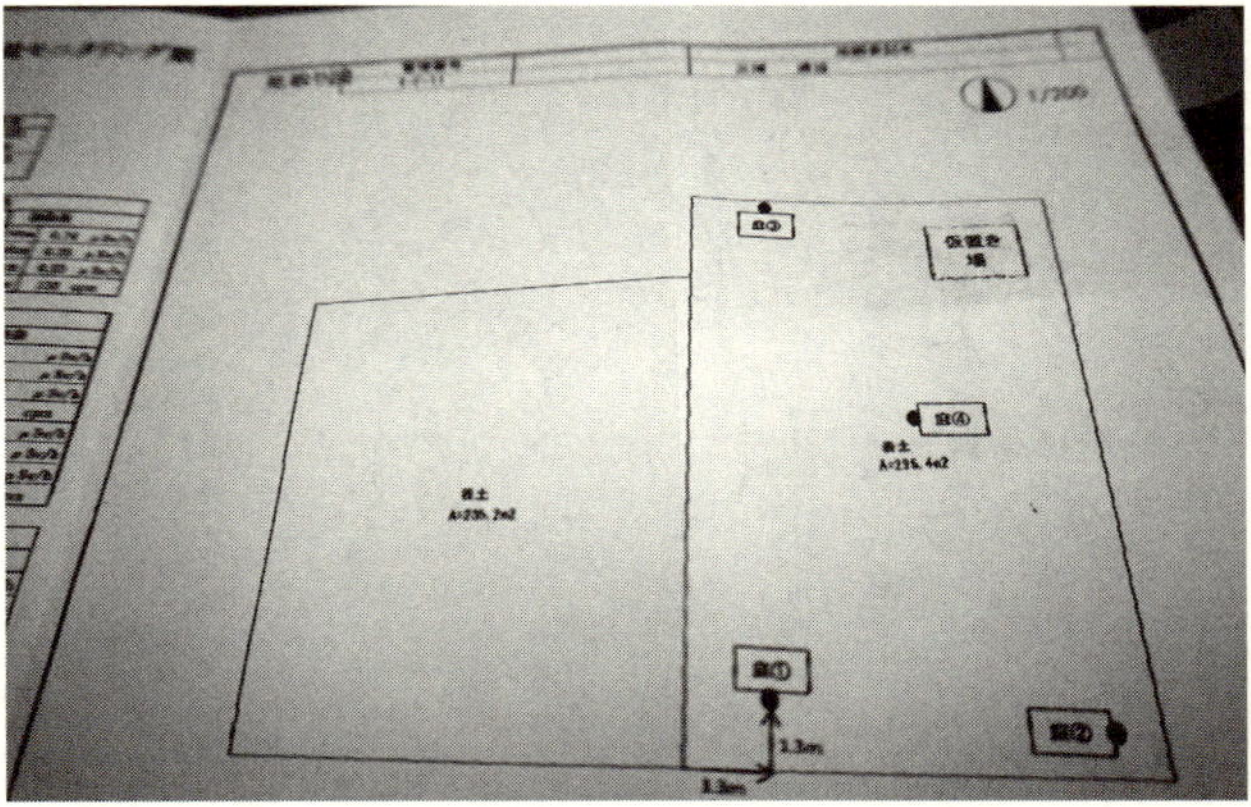

大槻夫妻が前の土地所有者から引き継いだモニタリング票の見取り図

困惑した。ひろさんはこの件でショックを受け、一時体調を崩して入院したという。それだけ追い詰められたのだ。

夫妻は福島市内の出身で、二〇一三年一一月に念願のマイホームを建てるため住宅ローンを組んでこの土地を購入した。

敷地内に汚染土が埋まっているのは承知の上だった。汚染土が埋まった土地は価格がいくぶん割安で魅力的だった。アレルギーを抱えた長男のため、柱や内装まで天然素材を使う市外の建築業者に依頼しようと考えており、土地の購入費をできるだけ抑えたかったのだ。

取材が終わると、真さんが福島駅前まで車で送ってくれた。その車中、事故直後には山形県内に「みなし仮設住宅」を借り、週末をむこうで過ごす「自主避難」をしていたと明かしてくれた。ようやくみなし仮設住宅を引き払い、一家で福島に腰を落ち着かせようと思って購入したマイホームだった。それなのに再び原発事故の影が忍び寄ってきたのだ。

「友達から『大変だな。でも役所はそんなの相手してくれないよ』と言われたけど、その通りだった。妻はどうか分からないけど、俺は安全なら埋めたままでもいいと思っている。ただ納得できるようしっかりと責任を取ってほしい」

若い夫妻が抱いた悔しさが伝わってきた。

「何かを隠している」

筆者は翌日、福島市除染推進室を訪ねた。事前に取材のアポイントメントを入れていたところ、渡辺俊寿室長以下、計六人もの担当者が顔をそろえて取材に対応した。その手厚い態勢だけで強い警戒感が伝わってきた。

福島市によると、市内にある宅地除染の対象は約九万五〇〇〇件。除染作業自体はほぼ完了しており、仮置き場を用意できた地区から、現場保管している汚染土を掘り起こして運んでいる段階という。家の庭先などでの現場保管は五万三三五五カ所（二〇一五年末時点）で、このうち約七割が地下に埋設されているという。

それだけ埋設保管が多いのであれば、埋設場所を正確に伝えなければならないはずだ。それなのに見取り図が「目安」でよいのか、そう尋ねると、担当者は「土地所有者の立ち会いが前提で、真上の四隅には黄色い目印が付いた杭《くい》を打ち込んでいる」と反論した。

しかし時間が経てば、所有者の記憶も薄れるだろうし、土地の所有者が代わることもある。目印だっていつまでも残っているはずがない。実際に大槻夫妻も「目印など見たことがない。あったら、わざわざ真上になんて建てない」と話していた。

汚染土が埋まっている場所に立つ大槻さん

どうにも釈然としない。除染業者は作業の完了を証明するため、現場の写真を市に提出している。市の個人情報保護条例に基づき、大槻夫妻が申請すれば開示できるはずだ。だが阿部和徳・除染企画課長は「除染作業をしていた当時の所有者には開示できるが、その後に土地を買った人には開示できない」と答えた。

「とりつく島もない」。そんな表現が思いつくほどの冷淡な対応だった。一時間半ほど取材したが、何一つ成果を得られないまま、福島市役所を後にした。

五日後、阿部課長から「先日の取材回答を訂正したい」と筆者に電話があった。現場写真の開示について改めて検討したところ、現在の所有者から請求を受けた場合も開示できると判断したと伝えてきた。

判断を変えた理由は言わなかったが、思い当たる節があった。筆者に情報提供した秘書が仕える野党の衆院議員が先日、この問題を国会質問で取り上げたのだ。請求を突っぱねれば、また国会で取り上げられると考えたのだろう。大槻夫妻はすぐ、個人情報保護条例に基づきこの土地の除染に関する一切の公文書を開示請求した。

五月一〇日午前中、開示を受けるため大槻夫妻と共に市役所を訪れた。担当者が持参してきた除染現場の写真は、除染前、作業中、そして作業完了後と何枚もあった。これを時系列に沿って事務机の上に並べていくと、夫妻はすぐに不自然さに気がついた。

「なんで埋めた後すぐに草が生えているの」

「だいぶ後に杭を打ったんじゃないの」

それぞれの撮影日を尋ねると、担当者は渋々といった様子で、作業前が二〇一三年五月二〇日、作業中は六月一〇～一三日、そして、杭に付いた目印が写る竣工《しゅんこう》（完了）の写真が八月二四日と答えた。作業完了を示す杭を打つまでに二カ月もの期間が空いていたのだ。

「埋めてすぐ杭を打たなければ不正確ではないのか」と尋ねると、「完了は街区単位になっており、どの段階で杭を打たなければいけないとまで規定していない」と、すり替えとしか思えない答えが返ってきた。約一カ月前と言っていることが違う。

福島市は地区ごとに除染作業を発注し、土建業者二、三社で組むＪＶ（ジョイントベンチャー）が受注している。埋設した汚染土を掘り返し、仮置き場に運び込む作業も、その地区を除染した同じＪＶが担当する。担当者は「同じ業者がやることで慣れているし、責任も明確になる」とメリットを強調した。

だが保管が長期にわたれば同じ作業員がやるとも限らないし、作業員も正確に覚えていられるはずもない。同じ業者が作業することで外部のチェックが入らないデメリットもある。

真さんが「埋めてから時間が空いているのに、正確に杭を打てるのか」と素朴な疑問をぶつけると、担当者は「業者は控えを取っているはずなので……」とごまかした。

それなら、「控え」がどこにあるのか尋ねると、今度は押し黙って答えなかった。何か隠していると直感し、「この土地の除染に関して市が持っているすべての情報を開示したのか」と問いかけると、担当者はこう答えた。「今回の申請にあるものは出した」

まだ開示していない公文書があるのか尋ねると、担当者は再び押し黙った後、「ちょっと待って」と言い残し、いったん席を立った。明らかに様子がおかしい。ひろさんも「何か隠しているのではないか」と疑った。

一〇分ほどで戻ってくると、「除去土壌保管届出書」なる文書を市が保管しており、そこに埋設場所の見取り図が付いていると明かした。それは除染業者が作成するのは同じだが、「モニタリング票」に付ける見取り図とは異なるものだという。

明らかに不誠実な態度だ。大槻夫妻は、除染前後の写真を欲しかったというより、なぜ誤った見取り図が作られ、それを渡されたのか説明してほしいのだ。市の担当者たちはそれを知りつつ、その鍵となる公文書の存在を明かさなかった。あまりに不誠実すぎると追及したが、担当者は「その図面が欲しいのであれば再び請求手続きをしてほしい」と繰り返した。

二枚の見取り図

東京電力福島第一原発事故による汚染廃棄物の処理や除染について定めた「放射性物質汚染

対処特別措置法」を読むと、汚染土の保管状況をまとめた台帳を作成するよう除染実施者（この場合は福島市）に義務づけているのが分かった。

さらに特措法の施行規則を見ると、台帳に記録すべき事柄も書かれていた。保管者名と住所・連絡先、保管の開始と終了の時期、汚染土の量、保管開始前後での放射線量――などだ。驚いたことに「台帳は帳簿及び図面をもって作成する」とまで書かれていた。つまり保管場所を記録する見取り図の作成は法令で義務づけられていたのだ。

さらに特措法には「台帳の閲覧を求められたときは、正当な理由がなければ、これを拒むことができない」との条文まであった。にもかかわらず、福島市のホームページや公式資料をいくら探しても、見取り図の閲覧について何も書かれていない。見せたくない、隠したい、そんな意図がうかがえ、疑念は膨らむばかりだった。

五月二五日、大槻夫妻と共に再び福島市役所を訪れた。

この日、新たに開示された見取り図を、モニタリング票に付いていた見取り図と比較した。敷地の形や大きさはまったく同じなのに、汚染土の埋設場所や数字の記載が明らかに違う。新たに開示された見取り図の埋設場所は東西に長細く、西側、つまり住宅側に突き出ていた。

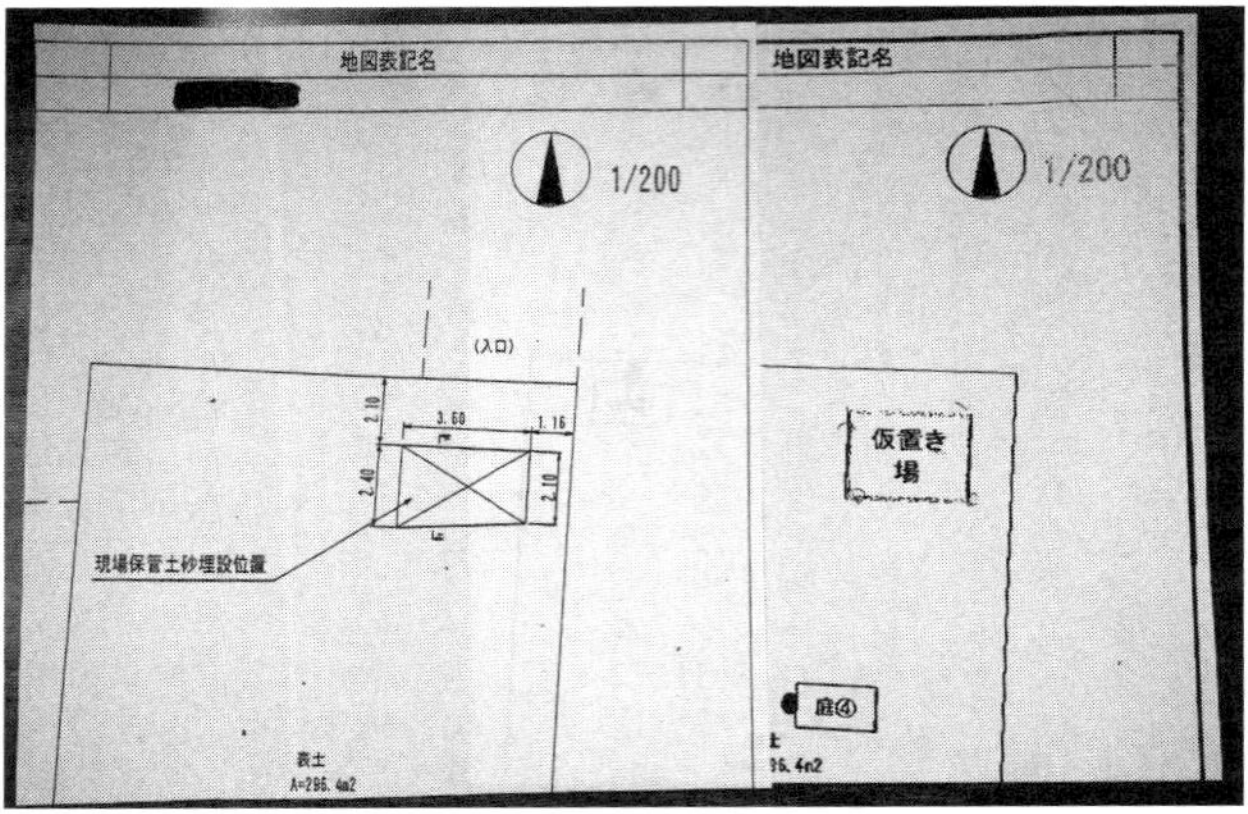

2枚の見取り図。左が新たに出てきたもの。右が元々渡されていたもの

さらに東西三・六メートル、南北二・四メートルと埋設範囲が数値で記載されていた。

埋設範囲だけではない。埋設場所から敷地境界までの距離、いわゆるオフセット（敷地境界との距離）も東側が一・一六メートル、北側が二・一メートルと記載されていた。この見取り図が本当に正確かはさておき、モニタリング票に付いていた見取り図よりも詳細であることは一目瞭然だった。

担当者たちは慣れた様子で説明していた。この詳細な図面を開示したのは初めてなのだろうか。今までにもあったのではないか。市の担当者が答えた。

「ハウスメーカー（住宅建築業者）に出したことがある。埋設場所が（建築予定地と）重なるような場合は無料で渡している……」

閲覧を拒めないとする特措法の規定をさすがに無視できないのだろう。

以前は建築業者が相談に来ると、そのまますぐに見取り図を渡していたが、春に向けて相談が増えたため専用の交付申請書を作った。それ以降に渡した見取り図だけで五〇枚に上るという。

交付申請書を見て、その文面に仰天した。

「交付を受けた写しの使用後は申請者の責任において処分する」

公的な情報にもかかわらず、「見たらさっさと棄《す》てろ」というのだ。異常な表現と言わざるを得ない。

大槻夫妻には別の見取り図があることすら告げず、煩雑な請求手続きを二回もさせ、一カ月以上も待たせた。やはりこれは公的な記録の「隠蔽」以外に目的が思い浮かばない。

懸命に怒りを抑えながらそう尋ねると、担当者はこう答えた。

「だから、こちらの文書（見取り図）だけは無料で出させていただいた。条例に基づく開示請求の対象ではないので……」

聞いているのは有料か無料かではない。あからさまなすり替えに唖然《あぜん》とした。

それを聞いたひろさんも呆《あき》れかえった様子でつぶやいた。「この前の話し合いはいったい何だったの……」

建築業者は汚染土の真上に建てたくないから、この見取り図を必要とするのだろう。埋設範囲を示す目印の杭が正確なら必要がないはずだ。

——ちゃんと杭があるなら見取り図は不要ではないか？

「…………」

——杭がないケースもあるということなのではないか？

「…………」

あまりにも不誠実な答えが続き、ひろさんがたまらず声を上げた。

「どうすれば位置が違うのを知る手立てがあったと言うの。いったいどうやって気づけばよかったというの」

汚染土が埋まったままの土地に住宅を新築する場合、正確な見取り図を入手する以外にどのような対策があるだろうか。

建築に支障がない場所に汚染土を移し替える対策は考えられる。そのような要望を受けたことはないのか尋ねた。

市の担当者は「家を建てるのに支障があるというので、保管しているもの（汚染土）を移動してほしいといわれることがある……」と認めた。

埋まっていた汚染土をいったん掘り出した後、そのまま地上で保管するとは考えにくい。仮置き場に持っていけないようなら、同じ敷地内の別の場所に埋め戻す、つまり「埋め替え」を土地所有者が求めるはずだ。その費用はいったいどうやって手当てしているのだろう。

それまで黙っていたもう一人の担当者が口を開いた。

「私どもではなく国の問題だ。除染は交付金をいただいてしているが、現場保管の場所も相談して理解いただいているので、移設は例外的という前提になっている。そこが我々も苦労しているところだ」

――それは埋め替えの費用が国から出ないということか？

「…………」

――市で支払っているのか？

「除染業務の中ということで……。財政措置は受けている……」

――それは、元々その地域の除染を請け負った業者にやってもらうということか？

「まあ、当初予定していなかったものが増えたということで変更という形で」

――つまり国が認めていないから、埋め替えをしている事実を知られたくないということか？

「お酌み取りを……」

埋め替えなどの汚染土の移設は、二〇一五年が約一五〇件、二〇一六年になってわずか五カ月で約二〇〇件に上っているという。埋め替え一件あたりの費用はおおむね「数十万円」という。だとすると、福島市だけで年間数億円かかっている計算だ。保管が長期化するほど、埋め替えの要望はさらに増えていき、かかる費用も増えていく。それにしても、国が汚染土の埋め替えを認めておらず大っぴらにできないからといって、埋め替えができることも、そして詳細な見取り図の存在も知らせないというのは、あまりに市民を馬鹿にしていないか。

結局非を認めず

土地所有者に渡しているのとは別の見取り図があることが判明し、福島市は態度をわずかに軟化させた、かのように見えた。

六月一〇日夕方、福島市除染推進室の渡辺俊寿室長ら担当者六人が大槻夫妻宅を訪れた。それまでは夫妻が平日、仕事の合間をぬって市役所を訪れ、係長ら現場の担当者が応対するだけだったのだから、大きな変化だ。「過ちを認めて謝罪するのかもしれない」と期待を抱いた。

渡辺室長はまず手元の書類を広げ、この問題に対する市の見解を声に出して読み上げ始めた。

「一刻も早く取り出し、安心して生活できるよう話し合いをさせていただきたい。当方としては、ハウスメーカーがある程度、ここなら大丈夫と思って建てたと思っている。このまま平行線というわけにはいかない。一刻も早く取り出したい」

誠意を示しているよう見せかけているだけで、実際には何一つとして大槻夫妻の疑問、そして要望にこたえていない。何よりも誤った見取り図を渡したまま、素知らぬふりを決め込んだことに謝罪はおろか、反省もしていない。

大槻夫妻も見抜いていた。ひろさんは、「分かりました。早く取り出してほしいですが、疑問がたくさんある。まずはこの見取り図、最初は〝目安〟と言われた。そこは変わりないのか」と問い質《ただ》した。

「あくまで図面は目安。何か建てようと思うのであれば相談してほしかった」（渡辺室長）

「上下水道を引くときに確認できたはずだ。（汚染土を）動かすことができないか検討できた」（阿部課長）

誤りを認めるつもりなど毛頭ないのだ。それどころか相談しないハウスメーカーや大槻夫妻のほうに責任があると言わんばかりだ。

阿部課長がさらにたたみかけた。「重要事項説明書と合わせて伝えてほしいと、宅建業界にも伝えていた。地上ならともかく、地下だとこういう問題も起きる。だから明示するようにした。最初はそれすらなかった」

何たる開き直りだろうか。不動産業者の団体に伝えているのだから市に責任はないと言うのだ。それならこっそり伝えるのではなく市民に広く公表すべきだろう。むしろ課題を知りつつ公表していないのだから罪が重い。

だが、そんなごまかしは大槻夫妻に通じなかった。

「だったら、なんで最初からこっち（市が保管しているほう）の地図を出さないの」（ひろさん）

「そもそも見取り図を二枚作る必要があるのか」（真さん）

痛いところを突かれ、市の担当者たちは押し黙った。これまでは土地所有者に渡しているほうの見取り図は「目安」だから不正確でも構わないかのように言ってきたのに、別の詳細な見取り図があるとばれた途端、今度は一転して「こんなこともあるかと思って業者に注意していた」と言い出すのだから、姑息《こそく》な言い逃れに呆れるほかない。

筆者も疑問を投げ掛けた。

「大槻さんに責任はあるのか。いったい汚染土の保管責任は誰にあるのか」

市の担当者たちは何も答えなかった。大槻夫妻やハウスメーカーに保管責任があるはずがない。彼らもそれをよく分かっているのだ。

福島県内のゴルフ場が起こした民事訴訟で、訴えられた東京電力がセシウムなどの放射性物質について「無主物」と表現したことについて、「無責任過ぎる」と批判が集中した。だが、それでも東電は撤回しなかった。

事故で放出された放射性物質の責任は東電・国から県、市へ、最後は国民へと、いつの間にか押しつけられていく。

話し合いは二時間にわたったが、腑《ふ》に落ちる説明は何一つないままだった。市の担当者たちは「再度参りたい」と言い残し、大槻家を立ち去った。

公務員にとって「責任」の一言は重すぎたのだろう。

この直後に改めて除染推進室に取材を申し込んだところ、二週間後の六月二四日に来るよう指定された。筆者はこの取材で、記事化に向けた詰めの取材をするつもりだった。ところが前日の夕方になって阿部課長から電話がかかってきた。

「明日の取材だが、正確を期すために弁護士を同席させてほしい」

——資料はすべて市役所が持っているはず。なぜ外部の弁護士を入れることが正確を期すことになるのか？

「とにかく市長の指示だ。了承しないなら取材は受けられない」

二〇年近く新聞記者をしているが、役所から取材への弁護士の同席を求められたのは初めてだった。どう考えても取材にプラスになるとは思えない。市の責任を問う質問をすれば、弁護士が「答えてはいけない」と横槍《よこやり》を入れてくるだろう。受け入れる理由はなかった。

七月八日、市の担当者たちが大槻家に再びやって来た。

渡辺室長が冒頭、再び福島市としての見解を述べたが、前回と同様、「一刻も早く取り出したい」と言うばかりで、何ら進展がなかった。

再び「市に責任はないのか」と尋ねると、今度は「除染は前の土地所有者との関係で行ったもので、大槻さんの自宅新築において市は当事者ではなく、責任はないと考えている」と言い切った。

ひろさんは怒りを押し殺し、静かに「もし前の所有者のままなら、市に責任はあるということか」と問い質した。渡辺室長は直接答えず、「土地所有者には立ち会いをしてもらって、埋める場所についても話し合っている」とすり替えた。すかさず、真さんが「立ち会わない場合もあるでしょ」と返すと、市の担当者たちは再び押し黙った。最初から「責任逃れ」ありきで話しているようにしか見えなかった。

担当者の一人が一枚のペーパーをテーブルの上に差し出した。それは「放射線対策ニュース」という、福島市が発行している除染に関する広報紙の七月号だった。土地の譲渡を行う場合は、新しい所有者に説明するよう求め、場所の確認が必要な場合は問い合わせるよう知らせる小さな記事が掲載されていた。

これが今回の問題を受けた措置なのだと言う。しかし、大槻家の問題はおろか、市が詳細な見取り図を別に保管していることや、希望すれば埋め替えができることにも触れていない。市にとって都合の悪い事実は伏せたままだ。

結局のところ、責任逃れしか考えていないのだ。除染は福島市にとって国から押しつけられた作業でしかなく、追及を受ける覚えはない、そう言いたいようにも見えた。

それだけではない。「早く取り出したい」と言っているにもかかわらず、市役所の担当者たちは埋まっている汚染土を調べようともしない。

あからさまな不誠実ぶりを見て懸念を強めたのだろう。真さんはこう釘《くぎ》を刺した。

「取り出して元に戻してハイ終わり、では納得いかない。何でこうなったのかちゃんと説明して、同じようなことが起きないようにしてほしい」

七月二六日夕方、今度は大槻夫妻と一緒に福島市役所を訪ねた。市役所で夫妻と合流すると、開口一番、真さんが「今日は納得できる答えが返ってくるといいな」とつぶやいた。しかし、その表情は暗く、内心は諦めかけているのが伝わってきた。

事務机をはさんで応対したのは、除染推進室の渡辺室長以下いつものメンバーだった。

もはや誠実な回答など期待できないのは明らかで、一つひとつ問い詰め、疑問を解明していくしかできなかった。

――二枚の見取り図に書かれた埋設場所がずれているのは今回の問題で初めて分かったのか？

「はい。除去土壌が家の下に埋まって取り出せないと報告が来たので」

――なぜ、それでモニタリング票に付いた見取り図と違うと分かったのか。台帳の図と比較したということか？

「写真と図の両方を確認して、『あれ違うな』と思った」

――写真もということは、モニタリング票に付けた見取り図だけでなく、保管台帳の見取り図も誤っているということか？

「はい」

その答えを聞き、ひろさんは、「なぜ最初からそういう話をしてくれなかったのか」と声を荒げた。

市の担当者たちが殊勝に話していたのはそこまでだった。すぐさま、埋まっている汚染土の近くに上下水道の配管が引かれていることを持ち出し、「なぜ配管を通すときに、市に相談してくれなかったのか」「モニタリング票に付いた見取り図だけで建築するのはどうかと思う」と、再び責任転嫁を始めた。

繰り返し言うが、大槻夫妻や建築業者が市に連絡する義務などあろうはずがない。上下水道にいたっては同じ福島市役所の所管なのだから、役所内の連絡不足でしかない。そもそも市は埋め替えができることや、詳細な図面を別に保管していることを公表していないのだから、開き直りと言うほかかない。

もう耐えられないといった様子で、ひろさんが悲鳴を上げた。「いったいどうすれば、この見取り図が『不正確』だと分かったと言うのですか。〝写真を見たい〟と言い続けてきたのに、何の答えもなかった。いつも不親切きわまりない対応ばっかり」

筆者は「毎日新聞」二〇一六年八月二九日朝刊で、「汚染土埋設図に不備／福島市　住民配布用、寸法なく」（二面）、「新築の下に汚染土／福島の会社員『市に責任』／埋設図不備」（社会面）と記事を掲載した。

だが、それでも福島市は何も反応しなかった。

短期保管というフィクション

一連の取材を通じ、除染で集めた汚染土の保管が短期間で終わる前提で制度ができあがっているのが分かった。

しかし現実は、事故から五年経っても現場保管が続いており、搬出のめどは見えない。むしろ、まるで汚染土など最初からなかったかのように装い、事態をやり過ごそうとしているとしか見えない。

福島市の担当者たちは「宅建業界に対して、重要事項説明書と合わせて汚染土埋設の事実を土地購入者に伝えるよう指導している」と話していた。

「重要事項説明書」とは、「宅地建物取引業法」で、土地建物の売買を仲介する不動産業者が作成を義務づけられている文書だ。売買代金や違約金などの取引条件、登記の内容や水道、電気、ガスなどの整備状況まで多岐にわたる。

また法令によって土地利用に制限を受ける場合には、重要事項説明書に書き込むよう義務づけられている。対象の法律は、土壌汚染対策法や廃棄物処理法など有害物質に関するものから、文化財保護法や自然公園法まで計三七に及ぶ。しかし「放射性物質汚染対処特別措置法」は含まれていない。つまり汚染土が埋まっていても、土地購入者に教えなければならない法的義務はない。

福島県宅地建物取引業協会に「汚染土が埋まっている土地に新築する場合にどう対応しているのか」と問い合わせると、担当者からは「対象の法律ではないが、説明するようにしている。一般論として県内に土地を持つ人は大体知っていると思う。協会としてこれ以上は言いにくい」と、歯切れの悪い答えが返ってきた。

そもそも、なぜ重要事項説明書への明記を義務づける対象になっていないのだろうか。今度は宅地建物取引業法を所管する国土交通省不動産業課に問い合わせたが、何も答えはなかった。

やはり短期保管を前提としている以外に理由が思い浮かばない。

福島市以外の保管状況も調べた。まずは保管の全体像を把握しようと、環境省のホームページ（HP）「除染情報サイト」で保管状況の一覧表を探した。すると不思議なことに気づいた。環境省直轄で除染する避難指示区域内と福島県外については、それぞれ市町村ごとの仮置き場や現場保管の箇所数、保管量をまとめた一覧表がアップされているのに、なぜか福島市や郡山市など福島県内の避難指示区域外の一覧表はアップされていなかった。

環境省に問い合わせると、「福島県の意向でホームページ上では公表していない」との答えだった。それではと、福島県の除染対策課に問い合わせると、今度は「市町村の意向で公表していない」との答えが返ってきた。

「どこの市町村のどのような意向なのか」、そう食い下がっても、「いろいろ、風評被害とかあるので……」と要領を得ない答えだった。

それなら、「記事にする際に『県は市町村の意向を理由に公表していない』と書いてよいか」と尋ねると、「いや、それはちょっと……」と、またはっきりしない答えが返ってきた。

しばらくすると、県の担当者が仕方なくといった様子で、「HP上にはアップしていないが、県政の記者クラブには定期的に提供している」と明かしたので、ファクスで送ってもらった。

長期化する現場保管と場当たり的な対策

福島県除染対策課からファクスされた避難指示区域外での保管状況一覧表によると、保管形態は大きく二つのタイプに分かれることが分かった。一方は、いわき市や伊達市のように、田畑や空き地などを仮置き場として、そこにフレコンバッグを積み上げる集中保管型だ。もう一方は、福島市や郡山市のように、除染現場の宅地や農地に穴を掘って埋める分散保管型だ。

環境省は、仮置き場での集中保管を原則としつつ、やむを得ない場合は現場での分散保管を認めている。好意的に考えれば、仮置き場を確保できなくとも除染ができるよう配慮したとも受け取れる。

福島県内で分散保管を中心としているのは、福島市、郡山市、二本松市、須賀川市、大玉村の四市一村だった。ただ取材してみると、同じ分散保管でもさまざまな差異があった。

福島市は仮置き場を確保できた地区から、埋めていた汚染土を掘り出して運び入れていたが、他の自治体は仮置き場の確保を事実上諦めている。仮置き場を経ずに中間貯蔵施設に直接運び込む思惑だが、当然、現場保管の期間は長期化する。

ある自治体の担当者はこう明かした。

「福島市のようなトラブルはうちでは起きないはず。保管が長期化すれば汚染土が埋まった土地の売買もありうると思い、オフセットも入った詳細な見取り図を渡している」

一方、「埋め替え」の対応に頭を抱えているのはどこも同じだった。どこの自治体も埋め替えができると住民に告知せず、自宅新築などを理由に求められた場合に限ってこっそり対応していた。だが国は埋め替えを認めておらず、その費用を払わないとしている。財源をどうしているのか。

ある自治体の担当者が明かした。

「住宅除染の作業費にこっそり上乗せして費用を請求している。県も分かっているのだろう。特に何も言ってこない」

福島県内の避難指示区域を除く「汚染状況重点調査地域」の場合、国がいったん除染費用を福島県の基金に振り込み、県が市町村からの請求を受けて交付金として支払う仕組みになっている。だが二〇一六年度末で除染作業が終わればこの手法は使えなくなる。

筆者が二〇一六年九月一八日の「毎日新聞」朝刊で、埋め替えをめぐる不明朗な費用請求の実態を報じると、今度はわずかに反応があった。

環境省は二〇一七年一月、自宅新築に支障が出る場合などは埋め替えの費用を負担する方針を自治体に通達した。だが、その費用を東京電力に請求するのかは明らかにしていない。国、自治体、東京電力……。果たして汚染土を保管する責任はいったい誰にあるのか。いまだにあいまいなままである。そしてそのはっきりしない状況が被災者に負担を押しつけ、あまつさえ新たな犠牲を強いているのだ。

第二章

「除染先進地」伊達市の欺瞞

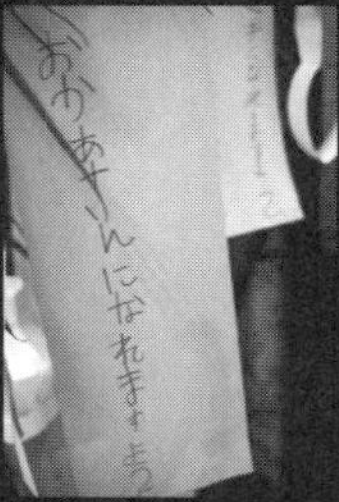

2016年7月伊達市内。
七夕の短冊

2016年3月伊達市内

福島県北部にある伊達市は国に先駆けて除染を手がけた「除染先進地」として知られる。伊達市長や担当幹部は国内外でその成功を喧伝《けんでん》してきた。しかし実際には、期待通りの除染をしてもらえなかった市民の不満は根深く、市議会で「公約違反だ」との追及を受け、市長が感情的に言い返す泥仕合が展開されていた。なぜ原発事故、そして除染をめぐって市民同士が憎しみ合うような惨状になったのか。除染が壊したものを追った。

「米粒」の声は届かない

「お前たちは重箱の隅に付いた米粒だ」。彼女たちが集まるたび、伊達市の幹部が発した暴言の話題になる。自分たちを「少数派」として侮蔑された悔しさは忘れられない。

彼女たちは市内に住む母親たちだ。「子どもが学校に入る前だったら」「親の介護がなかったら」。自主避難に踏み切れなかった悔しさを口にした。

自主避難をしなかった、いやできなかった彼女たちは除染に期待した。いや期待せざるを得なかった。しかし、そんなはかない希望すらかなわなかった。

銀色の鉄板に囲まれた汚染土の仮置き場。背後には、阿武隈のなだらかな稜線

「取ってくれたのは雨樋の下の土だけ」「バレーボールの大きさくらいしか土を取ってくれなかった」。待ち望んでいた除染が期待を裏切るものだったと口々に訴えた。しかし一緒に声を上げる仲間は減る一方だった。「嫁の立場では言いにくい」「夫の仕事に影響するかも」。世間体を気にして離れていった。

そんな「米粒」の一人、坂本美津子さん（仮名、当時四五歳）は市内では比較的線量が低い同市梁川町《やながわまち》内に住宅を新築し、自営業を営む夫と三人の子どもと一緒に暮らしている。

あの事故が起きたとき、坂本さん一家は伊達市南部の霊山町《りょうぜんまち》小国《おぐに》地区で暮らしていた。すぐ東側の飯舘村《いいたてむら》は全村に避難指示が出された。

二〇一六年三月、美津子さんに小国地区を案内してもらった。阿武隈《あぶくま》のなだらかな稜線《りょうせん》に抱かれた里山はまるで日本画を切り取ったように素朴で美しい。

しかし丘の上から周囲を見渡すと、四方を銀色の鉄板に囲まれた不自然な一角があった。それは除染で発生した汚染土の仮置き場だった。

坂本さん一家は二〇〇九年、豊かな自然の中で子育てをしたいと、中古の一軒家を買って小国に移り住んだ。三人の子どもたちと共に里山を歩き、四季折々の山菜を採るのが何よりの楽しみだった。

「コシアブラ、カタクリ、タラノメ、どれも美味《おい》しかった。食べられる山菜くらい知っている子どもに育てたかったから」。美津子さんは寂しそうに振り返った。

市の広報や甲状腺検査の結果から、子どもたちが持ち帰る学校のお便りまで、美津子さんは事故後に渡されたありとあらゆる文書をファイルに入れて保存していた。

事故直後に配られた市の広報によると、二〇一一年三月二九日に小国で毎時7・24マイクロシーベルトの放射線量を記録している。これは国が事故一カ月後に決めた年間20ミリシーベルトの避難指示基準をはるかに超えている。しかし国の避難指示が出ることはなかった。

国の避難指示は東電の支払う賠償に連動している。避難指示区域を広げたくない国と、人口流出を避けたい伊達市の思惑が一致し、地域全体ではなく、世帯ごとに避難の是非を判断する「特定避難勧奨地点」なる制度が新たに設けられ、伊達市内の一一七地点、一二八世帯が指定された。指定された世帯は、避難を選択すれば、避難指示区域内と同様の取り扱いを受けられるとしているが、結局は中途半端で無責任な折衷策でしかなかった。

小国の坂本家も指定を受け、一家は二〇一一年一一月、梁川町内の借り上げアパート、いわゆる「みなし仮設住宅」に移った。「友達と離れたくない」という子どもの気持ちを尊重し、市外そして県外に移る選択をしなかった。

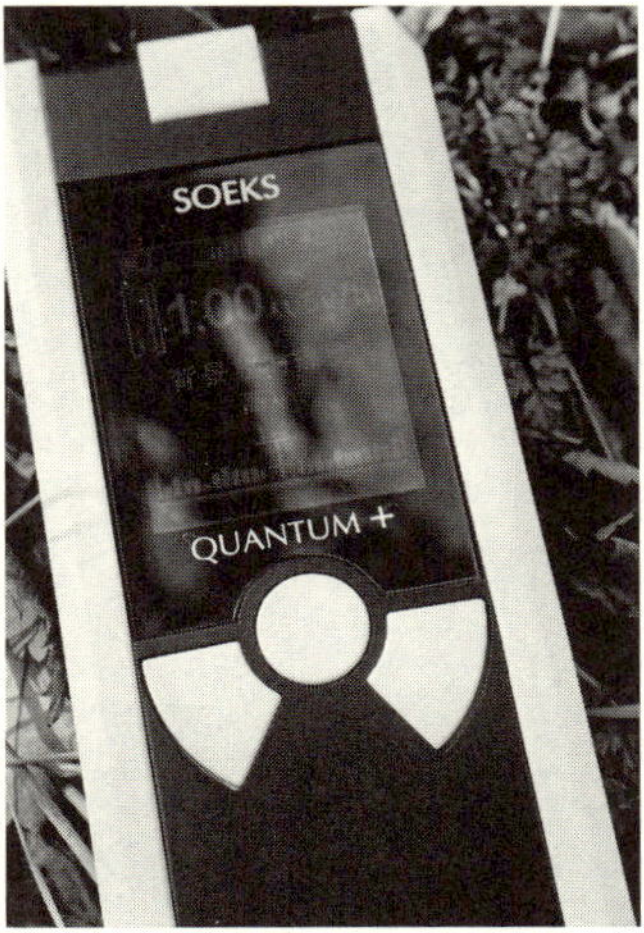

伊達市霊山町の坂本さんの自宅で地面に線量計を近づけると、毎時1マイクロシーベルトに達した（2016年3月4日）

だが美津子さんを待っていたのは「気が狂いそうな地獄の日々」だった。「避難先」から一〇キロ離れた小国の小学校に通い続ける長男を車で送迎するため仕事は辞めた。子どもの被曝低減によいとされる方策をインターネット上で探し求め、放射能を取り除こうと家中を雑巾で拭き続けたため、手は強ばって曲がらなくなった。

しかし事故前の日常に戻そうと焦る学校や、その背後に控える市との摩擦は次第に強まっていく。学校は二〇一二年以降、校庭でのヘチマ栽培や屋外でのマラソン大会など、事故で中止していた行事を次々と再開していく。

美津子さんの心を最もかきむしったのは伊達市産米の給食利用の再開だった。なぜ、あえて学校給食から始めなければいけないのか、どうにも納得できず、市に抗議の電話をかけ続けた。メディアの取材もできるだけ受けて「反対」を訴え続けた。

だが身近であるはずの学校や自治体に声は届かなかった。一緒に声を上げる保護者は減っていき、長男が通っていた小学校の校長からは「私たちも公務員ですから。お母さんの気持ちに寄り添えません」と突き放された。

そして除染も終わらないうちに、国は早くも二〇一二年末、伊達市内の特定避難勧奨地点を解除した。

さらにショックだったのは、子どもたちが塞ぎこむようになったことだ。屋外での体育の授業に参加させず、給食の代わりに弁当を持たせ続けていれば、周囲から浮いてしまうのも当然だった。「子どもたちを守ろうとしたのに、追い詰めてしまったなんて……」。美津子さんの中で何かが音を立てて崩れた。

美津子さんはその後、梁川町内の小学校に長男を転校させた。それでも放射能との縁を切ることはできなかった。伊達市内の中で線量が比較的低い梁川町では全面的な宅地除染がされなかった。すぐ隣の福島市や国見町《くにみまち》、桑折町《こおりまち》で全面的な除染をしているのを見るたび、「もっと遠くに避難すればよかった」と後悔を抑えきれない。

除染先進地

伊達市は阿武隈山麓に広がる人口六万人ほどの小さな自治体だ。二〇〇六年、保原《ほばら》、梁川、霊山、月舘《つきだて》、伊達の五町が合併して誕生した。保原町長だった仁志田昇司《にしだしょうじ》氏が初代市長に就任した。

福島第一原発から北東五〇〜六〇キロほどの位置にあり、国の避難指示を受けて全村避難した飯舘村や、一部地域に避難指示が出た川俣町《かわまたまち》に隣接している。事故後、特に霊山町や保原町、月舘町では放射線量が上昇した。

地表の土をはぐ土木作業を中心とする「除染」を国に先駆けて手がけたのが、この伊達市だった。

福島県伊達市

主導したのは、後に除染の功績が評価されて原子力規制委員会の初代委員長に就く物理学者、田中俊一氏だ。関係者によると、田中氏が率いる放射線の「専門家」集団は事故直後、まず飯舘村に入った。同村の中で最も線量が高く、後に帰還困難区域となる南部の長泥地区で、民家の除染実験に着手した。

屋根や外壁を高圧水で洗浄し、周辺の表土を取り除いたが、成果は芳しくなかったという。放射性セシウムが発する放射線（ガンマ線）は一〇〇メートル近く届く。広大な農地に住宅が点在する飯舘村では、民家とその周辺を触っただけでは思ったほど空間線量が下がらなかったのだ。

田中氏らは飯舘村から伊達市に転戦。伊達市は二〇一一年七月、田中氏らの指導を受けて保原町内の富成小学校で本格的な除染実験を行った。細野豪志原発担当相も視察に訪れており、国の高い期待がうかがえる。

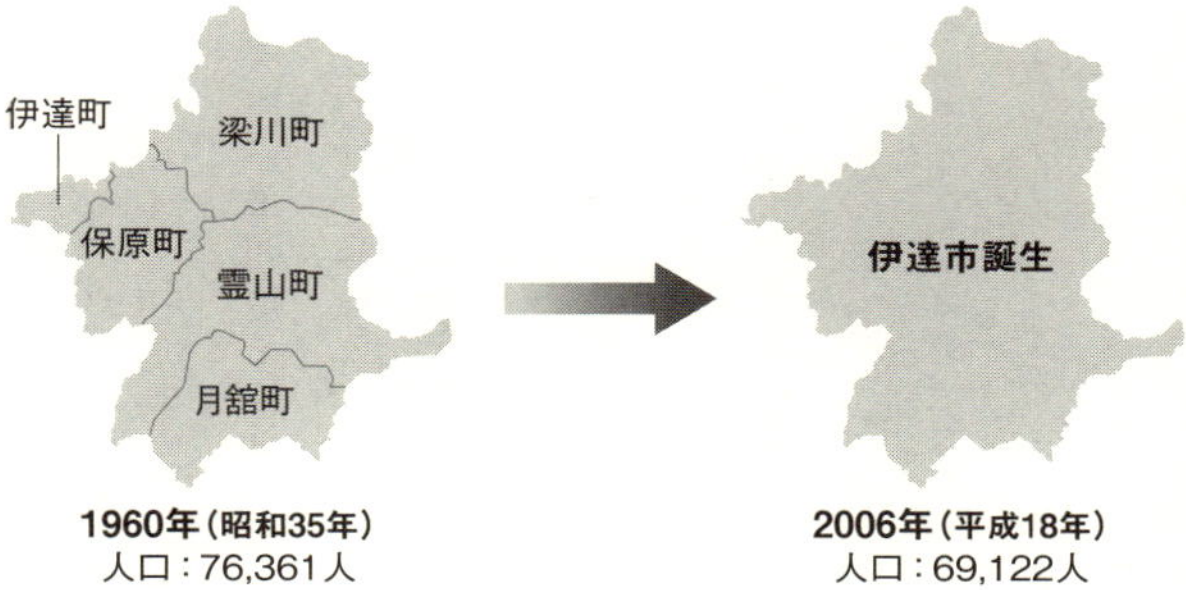

旧5町

被曝を抑える方法は基本的に、住民が汚染地を離れる「避難」か、もしくは居住地周辺の放射性物質を取り除く「除染」の二つしかない。避難指示区域を広げたくない政府にとって除染は好都合だったのだ。

この東京電力福島第一原発事故が起きる前、原発の敷地外に大量の放射能が広がることは想定されておらず、汚染に対処する法律は存在しなかった。当然、除染のルールを定めた「放射性物質汚染対処特別措置法」も事故後に制定された。

特措法に基づけば、年間1ミリシーベルトの基準値を上回る土地が除染の対象となる。ただ年間を通じた放射線量を実際に測定するのは難しいため、環境省は年1ミリシーベルトを空間線量率に換算した値が毎時0・23マイクロシーベルトにあたると決めた。そのため福島県内の多くの市町村は毎時0・23マイクロシーベルトを超える宅地を全面除染している。

ところが伊達市は独自の解釈に基づく除染計画を策定した。A=特定避難勧奨地点など年間20ミリシーベルト超の線量の高い地域、B=年間5ミリシーベルト（毎時1マイクロシーベルト）超、C=年間1ミリシーベルト（毎時0・23マイクロシーベルト）超――の三エリアに分け、Aエリアから優先的に除染していくとした。

それでも最終的にA〜Cエリアの宅地や農地を全面除染するのであれば、周辺の市町村と大差はない。だが、伊達市はそうしなかった。

Aエリア（二九五五世帯）は大手ゼネコンに約一五〇億円で発注し、作業は主に二〇一二年度に行われた。Bエリア（三九一二世帯）は先にモニタリング業務のみを発注し、実際の作業は市内の土建業者に発注し、二〇一三年度に行われた。費用は計約九〇億円だった。

市全体の約七割、一万二七九一世帯を占めるCエリアは、住民自身が宅地の線量を測定する一次モニタリング、専門業者による二次モニタリングを経て、作業は二〇一三年度後半に行われた。だが表土を除去したのは、地表から一センチの高さで毎時3マイクロシーベルトを超える「ホットスポット」だけで、ほかの市町村と違って表土の全面除去はしなかった。Cエリアの除染費用は約一〇億円とされる。かかった費用を単純に世帯数で割ると、Aエリアの五〇四万円、Bエリアの二三〇万円に対して、Cエリアはわずか七万八〇〇〇円となる。

伊達市が二〇一四年に公表した『東日本大震災・原発事故　伊達市3年の記録』では、「（除染は）空間線量率が高いほど低減効果はあるが、毎時0・3マイクロシーベルトという空間線量率をさらに毎時0・23マイクロシーベルト以下にすることは困難である。年間空間線量率1ミリシーベルトにこだわり、低いところを除染しても空間線量率はほとんど下がらないとともに、膨大な除去土壌の発生による新たな課題が発生することとなる」などとして、独自の除染方法を正当化していた。


会社員の小島勝さん（仮名、当時五八歳）と妻の由紀さん（仮名、当時五二歳）の自宅は旧保原町内のCエリアにあった。筆者は二〇一六年一〇月、小島夫妻の自宅を訪れた。周囲を父祖伝来の田畑に囲まれた兼業農家だが、現在はビニールハウス内を除いて、屋外の田畑には何も植えていない。

広い庭に立って、地表から一メートルほどで線量計を構えると、毎時0・2～0・3マイクロシーベルトと表示された。事故による中心的核種の一つセシウム134の半減期は約二年で、事故後六年近く経ってほぼ減衰しきっているはずだが、それでも事故前に比べれば一〇倍ほど高い値だ。もう一つの中心的核種であるセシウム137の半減期は三〇年だ。汚染が消え去るまでには途方もなく長い時間を要する。

「これを見てください」と言って、勝さんが庭の植え込みに線量計を近づけると、毎時0・5マイクロシーベルト超で鳴るよう設定してあるアラームがけたたましく鳴り始めた。ここだけではない。雨樋の下は水たまりの周囲でもアラームが鳴った。

小島夫妻は事故発生直後、当時小中学生だった長女と長男を連れて関東に自主避難しようかと考えた。だが住宅ローンや両親の介護、五〇代で転職する不安も考えると諦めざるを得なかった。だから除染に期待するしかなかった。

二〇一三年九月、小島夫妻の住む地域で宅地除染に関する市の説明会があった。説明会のメインテーマは、汚染土を保管する仮置き場の設置だった。ただ候補地はすでに決まっている様子で、特に反対意見もないまま説明会は終了した。これでようやく除染が始まると期待したが、それから動きがなかった。

年末になって、市が発注した業者がようやく除染作業にやって来た。しかし表土を取ったのは毎時3マイクロシーベルトを超えた雨樋の下だけで、夫妻はあまりの少なさに驚き、作業終了を確認するサインを拒んだ。

夫妻は定年後、自家栽培の野菜とハーブを使ったレストランを開こうと夢見ていたが、それも諦めた。汚染された土地で作った野菜など喜んで食べてもらえないだろうし、何より自分自身が心苦しい。

夫妻は、独自の生態系が残る太平洋の「ガラパゴス諸島」になぞらえ、独自の除染方法を採る伊達市を「ダテパゴス」と揶揄《やゆ》していた。もちろん市に汚染の責任がないことは百も承知だ。それでも市民の側に立って国や東電と対峙《たいじ》するどころか、市民に我慢を強いるだけの市政のありように怒りが収まらない。「寂しいよね。自分の生まれ育ったところなのにね」

市長選とアンケート

二〇一四年一月二六日投開票の市長選は現職と新人三人が立候補した。三選を目指す現職の仁志田昇司氏に対して、前市議の高橋一由氏は「全面除染への方針転換」を公約に掲げて挑んだ。

二〇一三年、福島県内の首長選では郡山市（四月）、富岡町《とみおかまち》（七月）、いわき市（九月）、福島市（一一月）、二本松市（同）と現職候補の落選が相次いだ。除染、そして原発事故対応への不満が現職候補に向けられたとも指摘されており、被災者対応に関わる政治家や官僚たちは伊達市長選に高い関心を寄せていた。

告示直前の一月一七日、伊達市は突如として、Cエリアを中心とした市内約一万六〇〇〇世帯にアンケート用紙を配布した。

「Cエリアにつきましては、全体的に線量が低い地域でありますので、局所的に線量の高い『ホットスポット』の除去を中心とした作業を行っております。事前のモニタリングの際には皆さまにご協力いただきありがとうございました。しかしながら、このような『ホットスポット』の除去のみでは不安であるとの声が寄せられております。したがいまして、新たな対策を実施するため、Cエリアの皆さまに今後どのような放射能対策を望まれているのか調査することといたしました」

Cエリアは全面除染しないとする従来方針の転換に向けた調査としか思えない。文書を読んだ市民が「伊達市もついに全面除染してくれる」と期待したとしても無理はない。

回答期限は市長選投開票後の二月一〇日だった。なぜ市長選とタイミングを合わせてアンケートを実施したのか、その理由は書かれていなかった。

「朝日新聞」は二〇一四年一月一八日付朝刊で、「伊達市長、選挙前の変心」と報じていた。仁志田氏が同月八日に開いた定例記者会見で、「全戸除染を標榜《ひょうぼう》する候補予定者に納得する有権者も増えているのに、我々の考えを押し通すのもどうか」と述べ、市内全戸を除染する意向を示したとする内容だ。実際、仁志田氏の後援会が配布したチラシには「Cエリアも除染して復興を加速」と書かれており、そう報じるのも至極当然と言えた。

直前の「政策転換」が功を奏したのか、仁志田氏は二九三四票差で三選を果たした。

だが、全面除染を求めた市民の期待は裏切られた。

仁志田市長は二月二〇日、ウィーンで開かれた国際原子力機関（IAEA）の会合でこう講演した。

「Cエリアは年間5ミリシーベルト未満のエリア。約一万六〇〇〇世帯で、工事費は一〇億円で一世帯あたり六万円になった。Cエリアはホットスポットのみを除去する方法で、一センチの高さで時間あたり3マイクロシーベルト程度のものを除去する。現在順調に作業が進んでおり、今年三月には終了する」

再選後一カ月にして、Cエリアを全面除染するつもりはないと言い放ったのだ。

ちなみに伊達市はこの時点ではまだアンケート結果を公表していない。この二カ月後に発行された「だて復興・再生ニュース」第一三号によると、回収したのは四七五〇世帯（回収率約二九・二パーセント）で、うち不安と答えたのは六八パーセントだった。希望する施策は除染四五・七パーセント、モニタリング一一パーセントなどとなっている。

「全面除染してくれるのかもしれない」と市民に「誤解」させる以外にアンケートの狙いは見えない。行政がここまで姑息なことをして許されるのだろうか。

「除染の神様」

伊達市独自の除染を主導してきたキーマンが半澤隆宏市長直轄理事だ。

半澤氏は事故後、市の除染プロジェクトチームのリーダーに就任。経済産業省所管の独立行政法人・産業技術総合研究所の中西準子フェローが刊行した『原発事故と放射線のリスク学』で「除染の神様」と紹介されたほどの有名人だ。

筆者はまず国会図書館に行き、新聞や雑誌の記事から半澤氏の発言をかき集めた。すると、彼が訴えているのは「除染の徹底」ではなく、むしろ、これ以上の除染は不要とする「除染の抑制」であることが分かってきた。例えば以下のような内容だ。

「（Cエリアは）八億円で済ませました。八億円も、という思いもありましたが、まあしょうがないという感じです。（略）九割方は雨どいの下辺りで、一軒で二～三か所程度。そこを取ると満足してもらえる。まあ心の除染みたいなものです。（略）Cエリアは一万五〇〇〇世帯。毎時0・23マイクロシーベルト以上だし、国からお金が来るからやりましょう、といったら八〇〇億円かかってしまう」（中西準子『原発事故と放射線のリスク学』二〇一四年、日本評論社）

半澤隆宏氏

「外部被ばくをできるだけ少なくするために行うのだから、（略）二年半経って線量（熱）が低くなってから行うというものではない。（略）どうして効果の薄い除染に予算と労力を浪費しようとするのか」（半澤隆宏「復興と除染のはざまで」、「月刊自治研」二〇一三年一一月号）

「今、住民の多くは放射線の不安よりは、

復興やまちづくりが進まないことへの、やり場のない不満を除染に向けている。だからこそ市町村は『住民が望むから』『国費一〇割で自己負担がないから』に寄りかかり、地元土建業者の仕事づくりのために、除染することを目的にしてしまってはいけない」（同前）

「わがまま」「過大な要求をしている」と言わんばかりだ。しかし、事故による無用の被曝を受け入れる理由はない。避難も認められない中、せめて徹底した除染をと求める住民心理を一方的に退けるのは乱暴すぎる。

また一連の発言の中で目立つのが、国の除染基準である年1ミリシーベルトを空間線量率に換算した「毎時0・23マイクロシーベルト」に対する執拗《しつよう》な批判だ。

「一部の住民や市町村は、この数値（＝毎時0・23マイクロシーベルト）を『錦の御旗』にして過剰な除染を要求している。（略）線量に応じない『やり過ぎ除染』は、廃棄物を無用に増やし、仮置き場をめぐる地域の軋轢《あつれき》を生むだけでなく、不必要な除染費用を積み上げていくだけ」（前掲「復興と除染のはざまで」）

「『汚染状況重点調査地域』の除染を、0・23マイクロシーベルトを基準に取り組むことが、

そもそも的外れ」（同前）

少し専門的になるが、発言の背景を簡単に解説したい。

田中俊一氏らの助言を受けて、伊達市は二〇一一年七月から、市民に「ガラスバッジ」と呼ばれる個人積算線量計を配布し、独自に外部被曝線量の調査を始めた。

ここまで出てきた放射線量の基準である年間1ミリシーベルトや毎時0・23マイクロシーベルトは、その場所の空間放射線量だ。一方のガラスバッジで計測するのは、装着した人間の被曝線量とされる。「される」と書いたのは、身体で遮蔽された分は数値に反映されないため、実際の六～七割程度の表示になると言われていたからだ。

そもそもガラスバッジなどの個人線量計は、主に原発の定期検査に携わる作業員らが使う。目には見えない放射線源を特定するとともに、作業員の被曝線量を計測するのが目的だ。

原発の放射線源は局所的なものだが、今回の原発事故では広く放射性物質が拡散している。原発の構内とは状況が違い、線源を特定する必要性は乏しい。むしろ身体で遮蔽されて低く出ることで、過小評価につながる危険性もある。それだけではない。家の中などに置きっぱなしになっている個人線量計も多いと聞く。どこまで実態を表しているのかは疑わしい。

装着する住民にはデメリットばかりでも、国や自治体にとっては、線量を低く見せるメリットがある。低いことを理由に、対応策をとらなくても済む。

個人線量計も、まず伊達市が市民に配り始め、後に国が政策として取り入れるという、除染と同じ流れをたどった。

政府は二〇一三年一一月、避難指示の解除に向けて個人線量計の活用を打ち出した。ちょうど同じころ、解除のミッションを担う「内閣府原子力被災者生活支援チーム」（メンバー約三〇人は一人を除いて経済産業省の職員）は、避難指示区域内の田村市都路《みやこじ》、川内村、飯舘村で、秘密裏に個人線量計の測定実験を行った。

低い「実測値」を公表することで住民の抵抗を抑え、スムーズな解除につなげる目論見《もくろみ》だったが、測定結果が思ったほど低くなかったため、公表を見送った。不都合な真実を隠したのだ。

半澤氏も個人線量計と除染基準との関係性に何度も触れていた。

「積算実測と線量との相関を分析してみると、線量が0・4〜0・5マイクロシーベルトの地域であっても、追加被ばく線量が年間1ミリシーベルトを越していない」（前掲「復興と除染のはざまで」）

つまり、毎時0・23マイクロシーベルトを超える場所でも、個人線量計で測定すると年間1ミリシーベルトに届かないのだから、0・23マイクロシーベルトを守る必要はないと言いたいのだ。しかし繰り返すが、そもそも事故による被曝を引き受けるいわれなどない。「個人線量計で測れば低いのだから大丈夫」と言われて、どれだけ納得が得られるかは疑問だ。結局のところ、勝手に決めた政策を押しつける方便に過ぎない。

伊達市は市内の除染が終了した二〇一四年以降も、独自の除染方法を正当化するかのように、個人線量計の実測値こそが正しいとアピールを続けた。

二〇一四年四月には、福島、郡山、相馬、伊達――四市の市長が井上信治副環境相に対して、個人被曝線量を踏まえた除染目標を策定するよう求める要望書を提出した。

これを受けて環境省は、四市の担当者を集めて非公開の勉強会を開き、同年八月には「中間報告」を発表した。

伊達市と相馬市で配布した個人線量計の測定結果に基づき、空間線量率が毎時0・3〜0・6マイクロシーベルトの地域で生活する住民の被曝線量が年間1ミリシーベルトほどにあたるとして、年1ミリシーベルトの換算値毎時0・23マイクロシーベルトにこだわる必要はないと結論づけた。これは当時「除染基準の緩和」として大きく報道された。

繰り返すが、伊達市を除く県内の多くの市町村では毎時０・２３マイクロシーベルトを超える宅地を全面除染している。

それでは、この中間報告を受けて、実際に除染基準を緩めた、つまり除染の範囲を狭めた市町村があったのだろうか。筆者は耳にしたことがなかった。過去の新聞記事も検索してみたが見つからなかった。

環境省の担当者にも問い合わせてみたが、「こちらでは把握していない」とそっけない回答だった。

考えてみれば、基準を変更しないのは当然だろう。除染作業が始まった後になって、「基準を毎時０・６マイクロシーベルトに引き上げたので、お宅は除染対象ではなくなった」などと突然言われたら、誰だって怒るに決まっている。

環境省による非公開の勉強会に出席した他の市の幹部は「うちは伊達市から頼まれて参加しただけ。伊達市は『うちの除染は正しい』と認めてほしかったのだろう」と突き放した。

前述した通り、伊達市は二〇一三年度で宅地除染を終了させており、国が除染基準の緩和を認めたところで実質的に影響がない。そもそも除染費用はすべて国がいったん負担する仕組みで、市の財政負担はないのだ。

それなのに、なぜ伊達市はそうまでして独自の除染方法を正当化したいのだろう。

混乱の市議会

二〇一五年一二月の定例市議会では、Cエリアの全面除染を求める請願・陳情が計四件提出された。地方自治体の当初予算は、年末までに固まる国の予算に合わせて編成する仕組みで、それまでに国や県に要望を示しておく必要がある。

国は二〇一六年度で全面的な除染作業を終える方針を示しており、Cエリアの全面除染に必要な予算を確保するには、二〇一五年末までに市長に翻意を迫る必要があった。

しかし提出された請願・陳情に対する市議会の答えは「趣旨採択」だった。趣旨採択とは、考え方としては正しいと思うものの、実現が難しいと考えた場合などの結論だ。はっきり言えば、腰砕けの中途半端な対応に終わった。

中村正明市議（当時六二歳）はCエリアの梁川町が地元で、市議会のたびに仁志田市長の「公約違反」を追及してきた。中村市議の厳しい質問に対して、仁志田市長が感情的に反論するのが、伊達市議会の恒例行事になっていた。
二〇一四年一二月市議会ではこんなやりとりがあった。

中村「伊達市が示している除染のあり方というのを見ますと、他の自治体と余りにもかけ離れた基準といいますか、市民の皆さんにえっと思われるような基準でできております。市民の手足を最初に縛って、もう安全です、安全ですと、伊達市は大丈夫ですから、このぐらいの放射能ではと。もう市民の皆さんを説得するような、でも市民の皆さんは納得できないですよ。市長は全面除染を公約したのではないですか」
仁志田「市民の大部分が納得していないようなお話ですけれども、私はそうでないと思います。それと公約だからやれというふうに聞こえますけれども、公約だからやるとかやらないとか、それは公約というのは大事だと思いますけれども、公約だからやるとかやらないとかというのは放射線防護の考えではないと思います。放射線防護上必要があるからやる、やらないのであって」
中村「約束を守るというのは、人として一番基本的なことであり、最も重要なことです。私たち、小さいときによく、おじいちゃん、おばあちゃんから言われましたよ。[redacted]

[redacted]」

議長「発言者に申し上げます。言葉に気をつけて質問を継続してください」

中村「そういうことをおじいちゃん、おばあちゃんから教えられました。[redacted]

[redacted]ということを教えられました。全面除染と関係ないではないです。市長、約束したのです。約束というのは大切なことです。除染と全然関係ない話ではないです。全面除染をやるという、市民に約束したのです」

仁志田「私も一人の人間としてそれなりに、そうしたことについては、私も親がいますから、中村さんと同じようにそういうふうに言われて育ちましたから。[redacted]というのは知っています。しかし、私は、そういう意味では、全く生まれてこの方[redacted]ことないということはないでしょうけれども、[redacted]ということは承知しております。だけれども、私は公約だからどうのこうのという話、公約で[redacted]という話であれば、それは違うと、[redacted]。ちゃんとこのマニュフェストを見ていただければわかるではないですか。大事なのは、今の除染というか放射能対策が市民にとって正しいかどうかではないですか。それが大事なのでしょう。[redacted]そういう問題ではないではないですか。市民の健康不安がどうかということなのであって、私はそういう観点から行政をあずかる者として、公金を使って事を執行している以上、適正な執行をしていると。中村議員に指摘されるようなことはないと、このように思っております」

■で伏せ字になっているのは、「不穏当発言」として議長が議事録（ホームページ上で公表されている）からの削除を命じたものだ。

ちなみに「うそつきは泥棒の始まり」と言っている。

中村市議は梁川町内で酒屋を経営していた。梁川町議時代からの議員生活二〇年近いベテラン議員だ。「ねえべ」「だべな」という福島弁の語尾が素朴な印象を与える。

合併後の初代市長選では仁志田氏を応援したという。「東大卒で知性も教養もある。しがらみもない。今までと変わるかなと期待していた」と振り返る。

だが、原発事故を境に二人は決別。二〇一四年一月の市長選では対立候補の応援に回った。

なぜ伊達市は全面除染しないのか尋ねると、中村市議は少し考え込んだ後、怪訝《けげん》そうな表情で答えた。

「結局のところ、自分の過去の発言や決定を否定したくない、市民から否定されたくない、それだけなんじゃないのかね。それしか考えられない」

交付金八〇億円を返還？

除染費用は国がいったん全額を負担する。市の持ち出しはないのに、なぜ伊達市は独自に除染範囲を狭めるのか、やはり理解ができない。

そこで少し見方を変え、除染費用の手続きを調べてみることにした。

福島県が作成した除染交付金の要綱によると、避難指示区域外の市町村はまず全体の除染計画を策定して交付金を県に申請する。県は国が拠出した基金から事業費を市町村に支払う。

伊達市の除染交付金はどうなっているのか。市議や市民に尋ねて回ると、一様に同じ話題が返ってきた。

「伊達市が除染費用を八〇億円返したってうわさがある。でも、市は『そんなことない』って否定している」

いったいどういうことか、さらに尋ねても、誰も詳しいことを知らず、それ以上は分からなかった。

市議会の議事録を調べると、関連すると思われるやりとりが見つかった。

二〇一四年六月一二日の一般質問だった。質問者は同年一月の市長選で仁志田氏に敗れ、同年四月の市議選で返り咲いていた高橋一由市議だった。以下はそのやりとりだ。

高橋「総額一四九億四四〇〇万円ほどのお金の返却が関係市町村からあり、その中の八〇億円が伊達市だったということで県議会や県で話題になったと聞いた。市長が選挙でCエリアも除染するという約束をしていながら八〇億円ものお金を返してよこすとは何たることということになったと聞いている。こういう事実はあるのか」

半澤隆宏理事「その件に関しては、Cエリアとは関係なく、Bエリアのほうの予算の分だ」

高橋「除染費用にも何か交付金、この支援事業のお金にも割り当て金はあるのか」

半澤「それぞれ個別に申請しているので、その分になっている。返したとかそういう話になっているけれど、返したとかそういったことであるとは思っていないので、県にも確認したい」

高橋市議に詳細を尋ねたが、「県議から聞いた情報だった。それ以上は知らない」との答えだった。

県議会の議事録を調べてみると、同年九月二九日の県議会環境回復・エネルギー対策特別委員会でも同じようなやりとりを見つけた。質問者は共産党の阿部裕美子県議だった。

阿部「除染予算の執行残問題について、伊達市では執行残が出たことから八〇億円を返金したと聞いた。伊達市の六月議会においても、市の答弁の中で、県全体の執行残一四九億円のうち伊達市が八〇億円だったというやりとりがあったと聞いている」
除染対策課長「当該年度で執行残があっても、それは県の基金の中でそのまま次年度以降の経費に使う形になっており、国にまた戻すということではなく、県の基金の中でしっかり管理している。執行の部分については実績に応じて精算する形になっており、戻すということではなく、最終的に精算の段階で手続きを取っている」

伊達市議会と同様、事実関係すらも詰められていない。木で鼻をくくったような答弁でかわされてしまうようでは、議会の監視機能が働かない。健全な地方自治など成り立つはずもない。

Cエリアは六四億円を申請していた

公表された資料だけではこれ以上の解明が難しいと考え、伊達市の除染交付金に関するすべての文書を福島県と伊達市に情報公開請求しようと思い立った。ただ、伊達市の情報公開条例では、請求できるのは市民や市内にある事業所の従業員らに限られているため、市内に住む知人に頼んで請求してもらった。

二〇一六年九月下旬、福島県と伊達市から除染交付金の関連文書が開示された。県と市で計約三〇〇〇枚あり、ファイルを重ねると厚さが五〇～六〇センチほどになった。

文書が大量だった理由の一つは、県が交付金を支払う際、その都度必要な金額だけを支払う「概算払い」の手続きを多用しており、その都度文書が作成されていたからだった。

市は特定地区の農地除染など、一つひとつの事業ごとに大枠の費用を明記して県に申請する。除染では事業一件あたりの発注額が一〇〇億円を超えることもあり、当面必要な金額だけを請求して受け取る「概算払い」を繰り返した後、作業終了後、実際にかかった金額を精算し、減額変更するなどして帳尻を合わせる。過去に前例がない公共事業であり、実際に必要な金額を予測するのが難しいため、修正の幅は大きい。

伊達市は二〇一六年度までに、農地や学校、果樹園などの除染作業や仮置き場の賃借料など計六七の事業で交付金を申請していた。

開示された文書を見て、気づいたことがあった。市の請求に対して、県が中身を精査した形跡がない。ほとんどノーチェックで請求額をそのまま支払っているように思えた。

文書があまりに膨大なため形式的なチェックで手一杯となり、請求額が妥当かどうかなど調べていないのではないか。そう尋ねると、県の担当者は「その通りです」とあっさり認めた。

伊達市の宅地除染はＡ、Ｂ、Ｃのエリアごとに交付金を申請していた。

Ａエリアは二〇一二年四月一日に約一六八億円で申請し、五月三〇日に県から交付決定を受けた。また決定当日に約四五億円の概算払いを請求している。事業は二〇一三年度に繰り越しされ、概算払いを繰り返した後、最終的に約一五〇億円で確定した。

Ｂエリアは二〇一二年五月三一日に約一二〇億円で申請し、七月一八日に交付決定を受けた。これも決定翌日に約二億四〇〇〇万円の概算払いを請求している。事業は二〇一三年度に繰り越され、概算払いを繰り返した後、二〇一四年二月一八日に約三〇億円減額変更し、最終的に約九〇億円で確定した。

そして問題のＣエリアだ。市が二〇一三年四月一日に提出した交付申請書に書かれていた金額を見て、驚きのあまり息を呑《の》んだ。

「６，４０５，７７６，１７９円」

半澤氏がＣエリアの除染費用として説明してきた八億円ではなく、約五六億円も多い六四億円を申請していたのだ。

県は同年六月二八日に六四億円の交付を決定した。同じ日、半澤氏は「Cエリアは八億円で済ませた」と産総研で講演している。これはいったいどういうことだろうか。

Cエリアは一度も概算払いがされないまま、二〇一四年二月一七日に約五六億円の減額変更がなされ、最終的な確定額は半澤氏の言った通り八億円になった。

伊達市は約六四億円分の「枠」を請求して、県から認められたにもかかわらず、一度も概算払いを請求することなく、作業完了の直前になって全体の八八パーセントにあたる約五六億円を減額していた。

Bエリアと合わせると、減額変更の合計額は約八六億円となる。これは福島県と伊達市の議会で取り上げられた「八〇億円」とおおむね一致する。確かに実際に交付金を受け取ったわけではないから、「返した」とは言わないかもしれないが、使おうと思えば使えたのだから、返したも同然だった。

なぜ、最初から八億円しか使わないと公言する一方、陰でこっそり六四億円の交付金を請求し、県から認められていたにもかかわらず、使わなかったのか。「八億円で済ませた」とする半澤氏の講演と交付決定の日付が同じ日であるのを考えると、意図的としか思えなかった。

さらにひどいのは、どのぐらい除染をすべきか市民に希望を尋ねるアンケートをしておきながら、結果を公表して住民と話し合うこともなく、陰でこっそり交付金を減額変更していたことだ。真摯に市民に尋ねるつもりはなかったと自白しているに等しい。

開示された交付金の資料を読み込むと、ほかにも数多くの矛盾が見つかった。

Bエリアの減額変更と同時に提出した実施計画書には、「空間線量が0・42（毎時、マイクロシーベルト）以上の箇所を除染対象とする」と書き加えていた。Bエリアの除染基準は「毎時1マイクロシーベルト超」のはずなのに、それよりも低い数字が書かれていたのだ。一方、Cエリアの表土をはぎ取る基準は「地表から一センチの高さで毎時3マイクロシーベルト超」だ。これでは、Bエリアなら0・42マイクロシーベルト以上なら除染するのに、Cエリアだと3マイクロシーベルト近くあっても除染をしないことになる。

最たる矛盾は市道側溝の除染だ。福島県内の市町村は、雨水で流された放射性物質がたまった側溝の除染に頭を悩ませてきた。

複数の市町村で構成する廃棄物処理施設の中には、汚染した堆積物を受け入れないところも多く、処理ができないままたまり続けていたのだ。

伊達市は二〇一三年四月、市道側溝の除染費用として約二億三〇〇〇万円の交付金を申請している。その対象は「Cエリア市道」。しかも、毎時0・23マイクロシーベルトを超える側溝はすべて堆積物をすくい取ると記載されていた。Cエリアの宅地は3マイクロシーベルトを超えなければ表土をはぎ取らないのに、側溝なら0・23マイクロシーベルトを超えればすくい取るというのは誰が見てもおかしい。

「除染の神様」に聞く

筆者は二〇一六年一二月八日、伊達市役所を訪れ、市議会の一般質問が終わった後、半澤隆宏直轄理事を直撃取材した。半澤氏は筆者のことを知っていたらしく、「いつか来ると思っていた」と言って、取材に応じた。以下は主なやりとりだ。

――Cエリア除染で当初六四億円申請したのはなぜか?

「当時はとにかく分からないからと、多めに取るきらいがあった」

――申請から三カ月も経っていない二〇一三年六月の講演で「Cエリア除染は八億円で済ませた」と発言している。矛盾しているのではないか?

「線量も下がって市民も落ち着いて心配でなくなっており、(二〇一三年)五月の段階で、これで十分と判断した。結果的に過剰だった。ただ一〇億とか一二億ぐらいの増え方はすると思ったので、申請はそのままにしておいた」

――市民が落ち着いているなら、二〇一四年一月にアンケートをする必要があったのか。市長選のためではないのか？

「周り（の自治体）でやっているから、全面的除染をしてくれって話になった。市長選と関係がないとは言えない。いわき、郡山、福島と現職が落ちていたから」

――アンケートの結果次第で軌道修正する意思はあったのか？

「俺はなかった。不安というか不満というか聞かないといけないと思った」

――アンケート結果をまだ公表していない段階で、二〇一四年二月に減額変更したのはなぜか？

「別に他意はないし、県とのやりとりがあったんじゃないかな。六四億がここにあるなんて忘れていた」

――仁志田市長がＩＡＥＡで講演する前に、講演内容がウソにならないよう、こっそり帳尻を合わせたのではないのか？

「俺にはそんな意識はなかった」

――アンケートは市民に期待を持たせたのではないか？

「それは否定しない」

――市議会で「八〇億円返したのか」と質問され、「あれはBエリアの分だ。Cエリアではない」と答えている。虚偽答弁ではないのか?

「金額が頭に入っていなかった。減額したのはBエリアと思い込んでいた。六四億円を申請していたのも忘れていた」

――六四億円の申請は一切明らかにしていない一方で、CエリアをAエリア並にやると八〇〇億円かかる、とばかり繰り返すのは、あまりに恣意的ではないか?

「八〇〇億っていうのは単純に単価を掛けた数字。あれは市民向けに言っているわけではなくて、専門家向けに言っている」

――環境省と四市勉強会は伊達市が提案したのか?

「提案というか、毎時0・23マイクロシーベルトが年間1マイクロシーベルトではないことを打ち出さないと(除染に)終わりがないと思った」

――その段階で伊達市は宅地除染が終わっているのだから、そんな必要はなかったのではないか?

「うちはね。ただほかの市町村が0・23でやっていたから、税金の無駄遣いだと思った」

――この後、除染基準を引き上げた自治体はなかった。市民を納得させる国の「お墨付き」が欲しかっただけではないのか？

「市民向けではない。お節介だけど、国民に安心してほしかった。年間1ミリシーベルトが（個人線量計だと）毎時0・4～0・5マイクロシーベルトだと意識を持ってもらいたかった」

――それなら市道側溝の除染基準が毎時0・23マイクロシーベルトなのはなぜか？

「あれは放射線防護ではなく環境のための除染。そこはまあ（交付金を）都合良く使おうと思った」

――政策を決める過程が市民に見えていないのではないか？

「見えていないと思う」

除染が壊した信用

坂本美津子さんは仕事を再開した。同僚には子どもを持つ母親も多く、本来なら被曝問題への関心が高いはずだが、みんな話題にはしないという。被曝に対する考え方の違い、「分断」が表面化してしまうと、二度とそれが埋まらないことを知っているからだ。口にすれば取り返しがつかなくなる。美津子さんは「気にしていないふりをするのがつらい」とこぼした。

「伊達市が除染にかける費用を使わずに県に返した」といううわさ話は、美津子さんも以前から耳にしていた。知り合いの市議に追及するよう繰り返し頼んだが、うやむやなままで、もやもやとした感情だけが残った。

半澤氏への直撃取材の結果を伝えた。美津子さんは「六四億あれば、もっと除染できていたはず。それを勝手に使わないと決めておいて、それを〝忘れた〟なんて、ふざけている」と憤った。だが、それを聞いても今さらどうにもならないことも分かっている。

事故後の出来事を振り返ると、政治に期待しては裏切られる繰り返しだった。国民的に人気がある自民党の若手国会議員も事故後に伊達を訪れ、「大変ですね、私が国会に届けます」と理解あるそぶりを見せた。しかし東京に戻ると、「復興を進めるため風評被害を防ぐ」などと、まったく逆の発言をしていた。そして誰一人信用できなくなった。

美津子さんは言う。

「私たちが何を言っても通じない。あいまいな答えか、〝お前たちがおかしい。重箱の隅をつつくようなことを言うな〟と逆ギレされるだけ。いつも一方的。それを〝忘れた〟なんて、冗談じゃない。私たちは傷を負ったままここで暮らしている。絶対に忘れない。何十年経ってもきっと覚えている」

密室で検討し、住民が望んでもいない施策を打ち出し、「決まったことだから」と一方的に押しつける。為政者がすることは、国も地方も変わらない。そして、住民はいつも一方的に受忍を求められる。「忘れない」だけが抗《あらが》う方法だとしたら、そこに民主主義は存在していない。

第三章

底なしの無責任

汚染土再利用①

2015年福島県富岡町　撮影／中筋純

汚染土の再利用

福島の山野を歩くと、同じような形の人工的な「小山」をしばしば見かける。以前は黒いフレコンバッグがむき出しのままピラミッド状に積み上げられていたが、最近は景観に配慮してか緑色のカバーがかぶせられているものが多い。

この膨大な量の汚染土は、東京電力福島第一原発を取り囲むように建設が進む中間貯蔵施設に運ばれ、まだ決まっていない福島県外のどこかで三〇年後に最終処分される。この問題に一定の関心を持っている人でも、大方そう思っているのではなかろうか。この事故の取材を続けてきた筆者も恥ずかしながらその程度の知識しかなかった。しかし実際はそうではなく、この国の政府は違うシナリオを静かに、そして着々と進めていた。

ここからは、環境省が着々と進めている汚染土の再利用政策を取り上げる。もちろん、あえて汚染土を使いたいと求める人などほとんどいない。積み上げられた汚染土を少しでも減らしたい、いや、国民の目に見えないよう「処分」する以外の目的が見当たらない。そんな理不尽きわまりない政策を国民に押しつけるため、為政者たちは密室で検討し、国民にウソをつき、公文書の隠蔽はおろか、改竄にまで手を染めていく。森友・加計の両学園をめぐる問題や陸上自衛隊の日報問題など、現在の国政を騒がす諸問題とも重なる。一方的に国策を進めようとすれば国民を欺くほかない。それがいかに民主主義をゆがめるのか痛感するはずだ。

「環境省で汚染土を土木工事に使うことを検討している。しかもクローズの会議で検討していて、外部にまったく知らせていない」

ある関係者から耳打ちされた。過去の新聞記事や公表されている資料を調べてみると、環境省が「中間貯蔵除去土壌等の減容・再生利用技術開発戦略検討会（戦略検討会）」なる会議を開いていることが分かった。

二〇一五年七月二一日にその第一回会合が開かれていた。どうやら会議は公開のようで、議事録も環境省のホームページにアップされていた。

司会役の環境省除染・中間貯蔵企画調整チームの小野洋チーム長は会議の冒頭、こう述べていた。

「本検討会の資料につきましては、原則全て公開とさせていただきたい。後ほど環境省のホームページ上に掲載する。また検討会終了後に発言者の名前を示した議事録を作成し、公開させていただきたい。検討会は原則として公開とする」

ちなみに、「減容」とは廃棄物処理の分野で使われる専門用語だ。焼却や破砕などの処理を加えることで廃棄物の容量を減らすことを意味する。しかし土砂は燃えないため、実際には容量を減らすのは難しい。そもそも燃やしても放射性物質そのものは減らすことができないし、むしろ濃縮されて濃度が上がる。つまり会議の名前に入った「減容」の言葉は実態と合っていないのだ。また「汚染土」を「除去土壌」、「再利用」を「再生利用」と言いかえている点もどこか、放射能汚染を正面から認めず、ごまかしている印象を与える。

小野氏もそれを分かっているのか、こう付け加えている。

「減容と言うと、容積を減らすということだが、除去土壌等の場合には、土の容量そのものが減ることはない。（分級などの）様々な減容技術を用いて放射能濃度の低いものと高いものに分け、低いものを再生資源とすることで最終処分すべき量を減らすことを減容という言葉の使い方にさせていただきたい」

要するに、放射能がより多く付着した土砂と、そうでないものに分け、後者の多くを再利用することで、中間貯蔵施設での保管を経て最終処分する量を減らしたい、という趣旨なのだろう。

非公開のワーキンググループ(WG)

関係者が耳打ちしてくれたのは、この公開性をアピールしている会議とは別に、実質的な検討をする非公開の会議があるということだった。

そもそも、この原発事故の後処理に関する実質的な検討はほとんどすべて非公開、もっと言えば秘密裏に行われてきた。それだけではない。出席者の発言を残す会議録、議事録などは、情報公開請求を受けても黒塗りして開示しないケースがほとんどだ。

重要な政策を決めるプロセスであるにもかかわらず、いや、だからこそかもしれないが、徹底的に隠され続けてきた。誰がどう決めたのかを分からないよう隠すのだから究極の無責任、民主主義に対する背信と言うほかない。何より被災者、そして国民から納得を得られない結論であるのを自覚しているからこそ隠すのだ。

この事故の取材を振り返ると、県民健康管理調査の秘密会、避難指示解除の線量基準を検討する関係省庁の課長会、みなし仮設住宅の無償提供打ち切りを協議する内閣府、復興庁と福島県の協議……等々、密室での検討を暴くことばかりに時間を費やしてきた。

「また秘密会か……」。使命感にかられると同時に、少しうんざりしたのも確かだ。

しかも、今回は公開している戦略検討会、いわば「表の会議」で、「必要に応じてワーキンググループを設置する」と、一応のアナウンスをしている。確かに、二〇一五年七月にあった戦略検討会の第一回会合で配布された資料には「ワーキンググループ」と記載されているし、環境省の小野チーム長も「必要があるときは検討会にワーキンググループを置くことができる」と発言している。

ただ、どのようなWGがあるかは一切明らかにしていない。言葉は悪いが、後で明るみに出た場合に、「秘密会」との批判を受けないよう、存在だけアリバイ的にアナウンスをしている。つまりは会議の隠し方も巧妙化しているのだ。

関係者によると、このWGでは、汚染土を土木工事に再利用する際の放射能濃度基準、いわば上限値を何ベクレルに設定するかを検討している。

物質に付着したり、含まれたりする放射能の濃度はBq（ベクレル）という単位で表す。これに対して、被曝した放射線量の単位はSv（シーベルト）だ。事故後の放射能と放射線の基準は基本的にこの二つの単位で表現される。

非公開で続けられているＷＧの本当の目的は、クリアランスレベルとの矛盾を問われないための理論武装なのだという。

原発など原子力施設の解体で出る金属やコンクリートなどを無条件に再利用できる基準（クリアランスレベル）は放射性セシウム濃度1キロあたり１００ベクレルと定められている。これは二〇〇五年五月に改正原子炉等規制法で導入された。

この１００ベクレルは、国際放射線防護委員会（ＩＣＲＰ）が身体的な影響を無視できる被曝量と定めた年間０・０１ミリシーベルト（10マイクロシーベルト）を放射能濃度に換算した数値とされる。

クリアランスレベルを厳密に守るのなら、１００ベクレル以下の汚染土しか再利用できないはずだ。しかし、それではあまりに低すぎて再利用できる量が少なすぎるため環境省にとって不都合なのだという。

福島県内の農地除染では５０００ベクレルを上回る表土をはぎ取っており、汚染の激しい地域では10万ベクレルを上回る表土も珍しくない。基準を１００ベクレルにすればほとんど再利

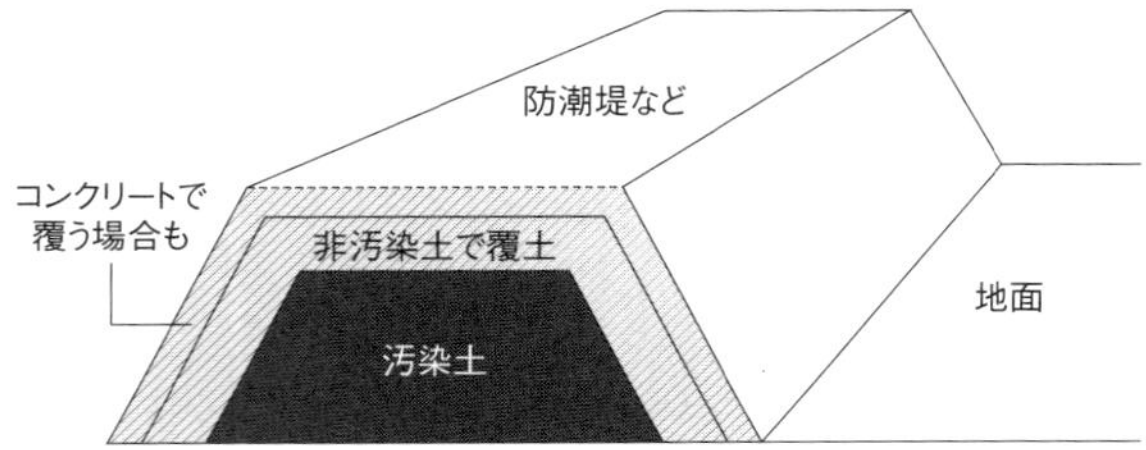

汚染土再利用のイメージ図（断面）

用できないことになる。

　そこで環境省は、汚染土の上から非汚染土（彼らはこれを放射能が混じっていないという意味で「バージン土」と呼んでいた）やコンクリートをかぶせて、防潮堤や盛り土などの土木構造物として再利用する計画を目論んでいた。

　上からバージン土をかぶせれば、一般住民の被曝量が0・01ミリシーベルトに収まるとして、クリアランスレベルを遵守しているように見せるシナリオだった。

　もちろん実際に人間が被曝して確かめるわけではない。すべてがシミュレーションに基づくものだ。

　ただ、一般の住民はともかく、土木構造物の建設や修復に従事する作業員については、0・01ミリシーベルトに抑えるなど到底不可能だ（そもそもWGでは0・01ミリシーベルトの線量は計測できないと話し合っていた）。そのため、作業員については一般人の被曝限度である年間1ミリシーベルトを基準にする、つまり事実上の二重基準を設けることでしのごうとしているのだという。

この年間1ミリシーベルトを濃度に換算した値を放射性セシウム1キロあたり8000ベクレルと定めた。原発事故で汚染された廃棄物のうち、国が処分する指定廃棄物の基準も8000ベクレルに定められている。

環境省は最初から、指定廃棄物の基準に合わせて汚染土再利用の上限濃度も8000ベクレルに定める思惑だった。もっと高く設定すればもっと多くの汚染土を再利用できるようにも思えるが、そう単純ではない。除染作業員の被曝管理を規定する除染電離則は毎時2・5マイクロシーベルト、1万ベクレルを超える汚染土を扱う作業員について被曝線量の管理を事業者に義務づけている。汚染土の再利用基準を1万ベクレル超に設定すれば煩雑な測定作業を事業者に課さなければならなくなり、自治体や土木業者から再利用が敬遠されかねない。8000ベクレルは環境省にとって都合のいい数値だったのだ。

会合と議事録の公開を拒否

問題のWGの正式名称は「除去土壌等の再生利用に係る放射線影響に関する安全性評価検討ワーキンググループ」だった。東京・霞《かすみ》が関《せき》に近い内幸町《うちさいわいちょう》の高層ビルに入る日本原子力研究開発機構（ＪＡＥＡ）東京事務所で秘密裏に会合を重ねていた。ＪＡＥＡは環境省からＷＧの事務局を委託され、検討材料となるデータの試算や資料作成を担っている。

二〇一六年一月一二日に第一回会合があり、二月まで（二〇一五年度中）に四回の非公開会合が行われた。

環境省中間貯蔵施設チームの担当者のほか、放射線の専門家を中心とした委員八人ら、毎回大体二〇人ぐらいが出席しているという。委員長の佐藤努・北海道大学教授は、公開している戦略検討会の委員も兼ねていた。また戦略検討会の委員であるＪＡＥＡの油井《ゆい》三和《みかず》・福島環境安全センター長は事務局として出席していた。

問題のＷＧについて報道することは、環境省、そしてこの国の政府の「真意」を明らかにする上で意義があると直感した。だが相手が隠蔽工作に走るのを防ぐため、取材は慎重に進める必要があった。

そんな時、予想外の出来事が起きた。四月一三日の参議院東日本大震災復興・原子力問題特別委員会で、山本太郎参院議員の質問に対して、丸川珠代環境相が非公開で続けてきたＷＧの存在を認め、再利用の濃度基準を検討していると明らかにしたのだ。

山本参院議員はＷＧの会合自体と議事録を公開するよう迫った。しかし丸川環境相は「率直な意見交換を確保し、未成熟な情報や内容を含んだ資料を公にすれば、誤解や混乱を生む可能性がある」として応じなかった。山本議員は叫ぶように訴えた。

「民主国家という体で運営されているこの国でこんなことといいんですか。人々の理解を得る気があるのだったら、最大限の情報公開をよろしくお願いします」

責任の押しつけ合い

二週間後の四月二七日、東京・内幸町のＪＡＥＡ東京本部では、五回目の非公開会合が開かれていた。国会でその存在は明らかになったが、これまでと同様、秘密裏に開催された。

環境省は当初、二〇一五年度中に四回の非公開会合を行い、ＷＧを終える予定だった。すでに二月二四日の第四回会合で、汚染土の再利用基準を８０００ベクレルに定める方向性は固まっており、三月三〇日にあった公開の戦略検討会で方向性を示している。

しかし二〇一六年度に入ってもＷＧは続いていた。会合の冒頭、環境省の小野氏は国会質問に触れ、「自由に忌憚《きたん》なく議論していただく」として、今後も会合を非公開にする方針を出席者に説明したという。

環境省が二〇一六年度に入ってもＷＧを続けたのには二つの理由があった。

一つは、六月に開く第四回戦略検討会の中で、再利用の濃度基準や、そもそもの考え方をまとめた文書「（減容処理後の浄化物の安全な再生利用に係る）基本的考え方」を提示する青写真を描いていたため、文案の詰めが必要だったのだ。

もう一つは、きわめて官僚的で、霞が関らしい理由だった。

一九五八（昭和三三）年制定の「放射線障害防止の技術的基準に関する法律」では、行政機関が放射線に関する技術的基準を定める際、放射線審議会に諮問するよう義務づけている。環境省も放射線審議会の「お墨付き」を欲しがっていたが、事務局である原子力規制庁との交渉が順調に進んでいなかった。

福島第一原発事故後、放射線審議会は食品や水道水などの安全基準の引き上げを次々に承認したため、世論の厳しい批判を受けて内部が混乱。二〇一二年以降約二年にわたって委員を選任できない休眠状態に陥った。その後、所管が文部科学省（旧科学技術庁）から原子力規制委員会に移され、新たな委員を選任して二〇一四年四月に再始動していた。

それだけに原子力規制庁としては再び批判を浴びかねないような諮問は避けたいところで、環境省からの「ラブコール」に応じていないのだという。

環境省はこの状況を打開するため、ＷＧの専門家委員に対して審議会や規制庁への根回しに協力するよう求めていた。

約三週間後の五月一七日、季節外れの冷たい雨が降りしきる中、ＪＡＥＡ東京事務所で六回目の非公開会合が開かれた。やはり開催は告知されず、秘密裏に開催された。

小野氏は会合の中で、「(汚染土が)どこで使われるのか分かるのか。その辺の家の庭に使われるのではないか」などと、規制庁から管理の実効性を厳しく問われたと報告した。

そして環境省は「基本的考え方」の原案を示し、専門家委員たちに意見を求めた。

「基本的考え方」は八ページの短い文書だった。最大約二二〇〇万立方メートルと推計される膨大な汚染土を県外処分するのは物理的にきわめて困難と主張。基準となる８０００ベクレル以下の汚染土を「浄化物」と表現。処分すべき廃棄物ではなく、再利用すべき資源だとする意味合いを込めた。土木作業員は１ミリシーベルトを超えないよう、一般住民はクリアランスレベルの０・０１ミリシーベルトを超えないよう、汚染土の上から非汚染土やコンクリートをかぶせて防潮堤や道路盛り土などの土木構造物を造るとしていた。

「不確実な場合は安全側に立つ」と、安全性への配慮を強調する一文も盛り込まれていたが、そもそも被曝リスクとなる汚染土を受け入れなければならない理由などない。子どもだましの空虚な文言としか思えなかった。

筆者はこの段階で、基本的考え方の原案や非公開会合の議事録を一部入手していた。議事録は、会合の発言を一言一句記録する逐語形式ではなく、詳細ではあるものの発言者名と発言の概要をまとめた形だった。

何を「ニュース」として報道するか考えあぐねていた。

環境省が密室で会合を開いていることだけではニュースにならない。環境省はWGの存在を公式に認めており、正面きって「秘密会」とは報じにくい。密室で検討した内容から、読者が驚くファクト（事実）を取り出す必要があった。繰り返し資料を読み続けるうちに、一つのファクトに目が引き寄せられた。

前述した通り、放射能濃度の高い汚染土の上から非汚染土やコンクリートをかぶせて放射線を遮蔽し、0・01ミリシーベルトのクリアランスレベルを守っているかのように装うのが、このWGの目的だ。

だが、どうにも解決できない一つの課題があった。長期間にわたり遮蔽するためには、防潮堤や道路盛り土など土木構造物の維持管理を続けなければならない。上からかぶせた非汚染土の厚みが減ったり、崩れて汚染土がむき出しになったりすれば、放射線量は上がり、被曝も増加するためだ。

原発廃炉で生じる鉄やコンクリートを（管理なしの）無制限で再利用できる基準であるクリアランスレベルは100ベクレルだ。ということは、汚染土も最低限100ベクレルに減衰するまでは維持管理し続けなければならない。だが、あまりに長期間の管理を義務づければ再利用が敬遠されかねない。基本的考え方は管理期間に触れていなかった。

環境省は当初からこの課題を認識しており、WGの第一回会合（一月一二日）で委員たちに検討を依頼。彼らは管理終了のタイミングを「卒業」と呼んで検討を開始した。

しかし第二回会合（一月二七日）で、JAEAがある試算を示すと、管理期間を設定する気運は一気にしぼんだ。

5000ベクレルの汚染土がクリアランスレベルの100ベクレルまで減衰するには一七〇年かかるとする試算だった。合わせて盛り土など土木構造物の耐用年数が七〇年とのデータも参考として示された。

耐用年数を超える一七〇年もの長期管理が非現実的なのは明らかだ。ましてや8000ベクレルとなれば100ベクレルまで減衰するのに二〇〇〇年近くかかる。

二〇一六年から一七〇年前の一八四六（弘化三）年は江戸時代後期にあたる。鎖国による長い眠りから日本をたたき起こしたアメリカのペリー提督による「黒船来航」はこの七年後だ。「一七〇年」の試算が示されると、非公開会合の出席者たちに絶望感が広がった。正直に公表すれば再利用が進まなくなる恐れもあるからだ。

人間の寿命をはるかに超えて百数十年も「管理」することの非現実性や欺瞞は明らかだ。管理期間を定めることを諦め、検討したことさえも伏せる方向で固まった。

放射能の「権威」たちが秘密裏に集まり、クリアランスレベルを守っているかのように装う理論武装を続けた挙げ句、放射能の減衰という物理的な法則によって課題をクリアできないことが分かったため、課題そのものを伏せた。このばかばかしさこそがニュースだと筆者は考えた。

報道するうえでのもう一つの問題は記事掲載のタイミングだ。自分が仮に省庁の記者クラブに属する当局詰めの記者なら、おそらく公開の戦略検討会が開かれる前日か当日に「基本的考え方の内容判明」との記事を掲載するだろう。

これは新聞記者の世界では前打ち記事というもので、公開の会議で正式決定する前に政策を既成事実化する効果があるため、省庁の担当者が親しい記者にリークするケースもある。当然、批判的な原稿は書きにくい。

国民に隠れて密室での検討を繰り返した挙げ句、国民が受け入れるはずもない政策を一方的に決めて、押しつけようとしている。問題の本質はそこにある。既成事実化したい環境省を助ける必要などない。そこで、公開の戦略検討会で「基本的考え方」が公表された後、環境省に直撃取材し、このいかがわしい政策を正面から問う記事を掲載しようと決めた。

クリアランスレベルを守るつもりなどない

二〇一六年六月七日、東京・平河町の会議室で、公開の第四回戦略検討会が開かれた。環境省除染・中間貯蔵企画調整チームの小野洋チーム長が司会役を務め、佐藤努・北大教授とJAEAの油井三和・福島環境安全センター長が委員席に座っていた。また関係者席には環境省やJAEAの担当者たちの姿もあった。

「基本的考え方」と合わせて配布された資料には、WGに出席していた専門家委員たちの名前も掲載されていた。WGの第一回会合から五か月経ってようやくメンバーを公表したのだ。

井上信治副環境相が冒頭、挨拶に立った。二回目の副環境相就任で除染に詳しく、汚染土再

公開の戦略検討会で挨拶する井上副環境相（2016年6月7日）

利用を主導しているとも言われていた。

こうした国の会議では、政務三役（大臣、副大臣、政務官）は冒頭の挨拶を終えると、次の公務を理由に会場を後にするのが一般的だ。ところが井上副環境相は高い関心を示すように、会議終了まで席を立たなかった。

まず環境省除染・中間貯蔵企画調整チームの山田浩司参事官補佐が「基本的考え方」を説明した。すると、WGの出席者ではない委員から思わぬ「物言い」がついた。

土木を専門とするその委員は「『浄化物』という表現がひっかかる。一般的な国語センスから言えば、処理をしてクリアランスレベルを下回っているものというとらえ方だ。これだと8000ベクレルがクリアランスレベルと誤解を招いてしまう」と問い質した。

むしろ「誤解」させたいであろう環境省の痛いところを突く発言だった。8000ベクレルを下回ったと言っても、汚染土は汚染土だ。それを「浄化物」と呼ぶのに違和感があるのは当然だ。また、これはクリアランスレベルをごまかすと言っているに等しいのではないかとの指摘だった。

小野氏は少し慌てた様子で、「そもそも何を対象にするか厳密に書いていないところがある。そこは検討させていただきたい。一般の人に分かってもらえるようなかみくだいた資料が必要で、分かりやすさを前面に出す表現もあろうかと思ったので」と言い繕った。表現だけの問題に矮小化《わいしょうか》する意図がみえみえだった。

だが議論はそれ以上深くならなかった。井上副環境相が「基本的考え方はおおむね了承された」と宣言して約二時間で会議は終わった。

終了後にあった井上副環境相の囲み取材で、クリアランスレベルとの整合性を問う質問も上がったが、井上副環境相は「原子炉等規制法に基づくクリアランスレベルと再生利用はまったく別物だ」と一蹴し、まともに取り合わなかった。

会議の二日後、汚染土再利用について小野洋チーム長に取材するため東京・霞が関の環境省を訪れた。事前にアポイントメントを入れており、二三階にある除染・中間貯蔵企画調整チームの部屋の入り口で女性職員に取り次ぎを頼むと、しばらくして小野氏が後ろの廊下から現れた。チーム長の役職は兼務で、本来の役職である「自動車環境対策課長」のデスクにいたのだという。

環境省内の会議スペースで小野氏と相対した。取材は当初和やかに進んだ。

――小野さんも放射線の専門家なのか？

「私が？　ぜんぜん違う。事故後に勉強しただけ」

――じゃあ、私と同じだ。

「そうそう。日野さんよりちょっと長いくらい。みんなそんなもんでしょう（笑）」

――今回初めてWGのメンバーを明らかにした。

「そうですね」

――会合を公開しなかったのはなぜ？

「線量評価とか、ＪＡＥＡに案を出してもらって、また変えてみたいなことをやっていたので、途中のものが出ちゃうとそれで決まったみたいな話になってしまう。衆人環視だと思ったこともいいにくい」

——井上副環境相は再利用の基本的考え方はクリアランスレベルと別物だと言っていた。そうなのか？

「そういう意見もある。ただ原子力規制庁と事務方同士で交渉している。今の段階では何とも言えない」

——規制庁の了承が取れていないのか？

「一言で言うとそういうことだ」

——それでも「基本的考え方」を公表したのはなぜか。何か急ぐ理由があったのか？

「ニワトリと卵みたいなところもある。規制庁とか、今後は国土交通省とかと話をするには具体論がないと。これから実証実験もやる。その結果を見ながら、規制委か放射線審議会か分からないけど検討してもらいたい」

——規制庁から管理の実効性を問われたようだが？

「そんなことあったっけ……。それはどこから……」

それまですらすらと話していた小野氏の口が途端に重くなり、表情が険しくなった。WGの中身が漏れていると察したのだろう。

——規制庁から不法投棄の懸念までされたようだが、防ぐ仕組みはあるのか？

「特措法では措置命令を出せる」

——これまでに出したことがあるのか？

「……ない。今まで市町村や国とか公共が主体だったので出していない。今回（汚染土再利用）も公的な主体がやることになっている」

——工事を請け負った業者が不法投棄したらどうする？

「その場合は措置命令を出せる……」

むなしい答えだった。「朝日新聞」が二〇一三年一月に「手抜き除染」を報じた際も環境省は措置命令を出していない。そんな法律に抑止効果など望めるはずもない。

——今回の再利用は土木構造物の「管理」がキーワードだと思うが、いつまで管理するのか？

「今の法律上はずっと管理することになっている。ただ減衰していけば問題ないレベルになるはずで、その仕組みの整備が課題だ」

——いつまで管理すべきか、WGで議論したのではないか？

「何とも言えない……」

――「卒業」という言い方をしていたようだが？

「情報公開請求してもらえれば議事概要ぐらいは出そう。議事概要以上のものを持っているかもしれないが」

これ以上は答えられないからそれで我慢しろ、と言わんばかりだ。一方で、非公開の会合で管理期間の設定について話し合ったことを事実上認めた。ここで核心に迫る質問をぶつけた。

――5000ベクレルから100ベクレルまで減衰するのに一七〇年かかるとの試算が示されたのではないか？

「……。100は出したと思う。その時に議論したが、必ずしも100とは限らないなと。身の回りで家を建てるとかいう話ではないので」

何とか逃げよう、何とかごまかそうとしているのは明らかだった。

――話を戻したい。JAEAがそういう試算を示したはずだ。

「してもらったかもしれない……」

――盛り土の耐用年数が七〇年という数字も示したのでは？

「そういうのもあった……」

――一七〇年間の管理というのは現実的なのか？

「少なくとも除去土壌である限りは基準がかかり続ける。守る主体は環境省および公共事業の実施主体で、少なくとも数十年はそのまま使う」

――なぜ公開の戦略検討会で出さなかったのか？

「全体的に言って、今回はそこまで決める必要がないだろうと……。100ベクレルじゃなくても、仮に自由にしても10マイクロ（0・01ミリ）を満たせる可能性があるんじゃないかと。それなら一七〇年じゃなくて五〇年ぐらいでも……」

そんな都合のいい解釈が許されるはずもない。あとは野となれ山となれ、とばかりの無責任ぶりをさらけ出した。


――期間と対象物を特定しないと「管理」とは言えないのではないか？

「環境省がそこは責任を持つということで……。数十年とか一〇〇年というレベルなら、防潮堤とか海岸防災林は壊さないので……」

――クリアランスレベルを守るつもりはないと言っているに等しいのではないか？

「いや違う。クリアランスレベルは違うんじゃないかと。土の場合はもっと高くていいと、そういう検討をしなくてはいけない。一七〇年の管理が絶対に必要だという議論をするまで（世論が）熟していない」

表向き否定しているだけで、クリアランスレベルを守るつもりなどない本心があらわになった。何より不都合な事実を隠したまま一方的に決めた政策を押しつけているにもかかわらず、まるで受け入れていない国民の側が悪いかのような言い草だ。責任転嫁も甚だしい。「環境省が責任を持つ」などと言っても、説得力などあるはずがない。

最初から明らかだった「欠陥」

小野氏への取材翌日、公開の戦略検討会委員で、WGの委員長も務める北大の佐藤努教授に取材の電話をかけた。好意的に解釈するのであれば、率直に答えてくれた。

——管理終了、いわゆる「卒業」の時期についてWGで議論したにもかかわらず、なぜ戦略検討会で公表しなかったのか？

「これから議論しなければいけないと思う。今度は放射能だけじゃなくて、土木材料なので土木のWGもある。これは私の予測だがその中で検討すると思う。具体的なことはこれから」

――100ベクレルまで減衰するのに一七〇年というのはショッキングだったのではないか?

「はい」

――一七〇年間の管理は現実的なのか?

「現実的かどうかは今後検討する」

――一七〇年間も管理できるのか?

「それが可能かどうかは議論していない」

――重要な問題なのだから基本的考え方に入れるべきではなかったのか?

「それはちゃんとした検討が必要だ。科学だけではなく社会科学も」

――このWGの役割はクリアランスレベルとのダブルスタンダードを指摘されないように理論武装することなのか?

「はい、そうだ」

――公開の会議と発言を使い分けているということか?

「うがった見方をするとそうかもしれないが、ちゃんとしましょうということだ」

佐藤教授の言う「土木のWG」とは、土木学会を中心とする別のWGのことだ。こちらは放射線WGよりも早く、二〇一五年八月に第一回、同年一一月に第二回の会合が開かれていた。

やはり会合は非公開だったが、インターネット上で検索してみると、議事概要がアップされていた。会合で出た発言の概要を並べただけで、発言者も示しておらず、議論の結論や流れも不明な点が多い議事録とは到底言えない代物だ。それでも発言の断片から、再利用に慎重な意見が多かったことがうかがえた。

「被曝評価に関しては国際的な基準の意味を考える必要がある」

「再生利用の後、管理するのかしないのか考え方を整理する必要がある。管理するということは誰かの継続的な負担になる」

「規模が大きく長期になるほど土のトレーサビリティ（追跡可能性）を確保するのが難しくなる」

管理期間や不法投棄は、早い段階から課題として認識されていたのだ。

土木学会の関係者にも話を聞くことができた。環境省からは当初、再利用基準を決めるよう土木学会に求められたが、「そんな難しいことはできない」と押し返したのだという。関係者は「環境省はとにかく早く処理したいと焦っていたが、簡単に決められるような話ではない」と明かした。

放射線審議会の事務局を務める原子力規制庁放射線対策・保障措置課にも取材した。

六月一三日の午後、東京・六本木の商業ビルに入る原子力規制庁内で西田亮三課長と面会した。西田課長は経済産業省に出向して原発事故の賠償を担当していたことがあり、筆者は避難者に無償提供された「みなし仮設住宅」の家賃について取材したことがあった。

西田課長は、汚染土再利用の件で環境省から問い合わせがあったことを認め、クリアランスレベルと異なる再利用の基準を設けるのであれば、どのような管理をするか説明が付かなければ判断できない、と伝えたことを明かした。

つまり、トレーサビリティや管理期間の設定など、管理の具体性が不明確であるのを理由に、放射線審議会への諮問を「門前払い」にしたと事実上認めた。

ただ、関係省庁が諮問を強行した場合、その仕組み上、放射線審議会で検討せざるを得ない。事は国策だけに退けることは難しく、結局は「お墨付き」を与えるしかなくなる。

西田課長もその辺りを分かっており、「関係省庁が自ら新たな基準を作って、どうしても諮問したいと言ってきたら受けざるを得ない。残念ながらそういう位置付けだ」と、苦々しげに話した。

関係者の誰もが、汚染土再利用の根本的な欠陥を知りつつ、見て見ぬふりをしているように見えた。それでも引き受けない国民の側が悪いと言うのだろうか。

環境省が議事録をホームページで公表

「毎日新聞」二〇一六年六月二七日朝刊一面トップで、「福島原発事故/汚染土『管理に170年』/安全判断先送り　再利用方針」との記事を掲載した。

原発事故に伴う除染作業で発生した汚染土をめぐり、環境省の非公開会合で、5000ベクレルの汚染土がクリアランスレベルの100ベクレルまで減衰するのに一七〇年かかるとする試算が示されていたにもかかわらず、いつまで管理するかの検討を棚上げしたまま、汚染土再利用の方針を決定していたと報じた。

社会面トップでも「環境省非公開会合/汚染土二重基準隠し/再利用へ『理論武装』」との記事を掲載した。

こちらはWGの本当の役割が、クリアランスレベルを守っているかのように装う論法を編み出す、極言すれば、国民を欺くための理論武装にあると指摘した。この段階でつかんでいた範囲で非公開会合の内実を暴き出した。

「これは管理に当たらない。無責任に捨てているだけだ」。一面の記事には汚染土再利用の本質を一言で喝破する熊本一規・明治学院大教授（環境政策）のコメントを付けた。

熊本教授は、鉄鋼スラグやフェロシルトなどの「偽装リサイクル」を批判してきた論客だ。誰も引き取らないような廃棄物を「貴重な資源」と装い、再利用（リサイクル）に見せかけて捨てる「偽装リサイクル」との共通点を端的に指摘してくれた。しかも汚染土の再利用を主導しているのは、本来偽装リサイクルを規制する立場にある環境省だ。とてつもなく深刻な事態と言えた。

小野洋氏への直撃取材を終えた直後、WGの議事録と関連資料を環境省に情報公開請求した。直撃取材してしまえば取材の狙いはある程度相手に伝わってしまうため、情報公開請求を控える必要がなくなる。

前述した通り、一部の議事録や配布資料はこの段階で入手していたが、情報公開制度を使い、公開するかどうかを正面から環境省に問う意味があった。

「密室の議論を公開させなければならない」と考えていたのは筆者だけではなかったようだ。記事が掲載された後、環境省に対して同様の情報公開請求が相次いでいた。

すると、環境省除染・中間貯蔵企画調整チームの担当者が予期せぬことを言い出した。

「議事録と資料をすべて公表しようと検討しています」

公務員の世界において「公表」と「公開」は意味合いが大きく違う。役所は通常、情報公開請求を受けて開示した文書やデータをホームページ上などで公表することはない。

それを環境省はわざわざ「公表」するというのだ。隠していた事実を報道した結果として、役所が反省して自ら明らかにしてくれるというのであれば、調査報道の展開としては理想的なはずだが、かすかな違和感を覚えた。情報公開が相次いだと言っても、世間でそこまで大騒ぎになっているわけではない。この程度で環境省が反省しているとは思えなかった。

七月上旬に情報公開請求に対する延長通知が届き、かすかな違和感は疑念へと変わった。情報公開法では、請求後三〇日以内に開示決定するよう定めているが、事務処理が多いなどで難しい場合は三〇日以内に限り延長できるとしている。個人的な経験で言えば、延長なしで開示されたことはほぼ皆無だ。環境省は今回「全部公表する」と言っているのだから、黒塗り（不開示）する箇所を検討する必要などなく、事務処理も少ないのだから延長の必要などないはずだった。

さらに疑念を強めたのが公表方法をめぐる取材のやりとりだった。役所が何かを発表する場合、ホームページのトップにある「新着情報」の欄にアップするとともに、記者クラブに資料を投げ込む。場合によっては記者向けのレク（レクチャー）や会見を開く。

ところが、環境省の担当者は「公表する」とは言うものの、どのような形で公表するかを明らかにしなかった。記者にとってこれは困ることだった。記者会見やレクをするのであれば、出席するためにあらかじめスケジュールを空けておきたい。ところが何度問い合わせても答えがない。「これは何かある」と確信した。

環境省は八月一日の午後、何の前触れもなく、WGの議事録と配布資料を「公表」した。案の定と言うべきだろうか、記者向けのレクや会見は開かず、記者クラブへの資料の投げ込みすらしなかった。

さらに環境省のホームページを探しても、新着情報の欄にそれらしい資料が見つからない。また環境省が開いている除染と中間貯蔵それぞれの公式サイトも見たが、こちらの新着情報にも見つからない。

担当者に問い合わせると、中間貯蔵のサイト内にある戦略検討会のコーナーにアップされたことが分かった。「公表」を知ってから約一時間かかってようやく目的の文書にたどり着いた。

全六回分の議事録と配布資料は計約四〇〇ページ。一読するだけで数日はかかりそうな分量だ。

ざっと見た限り、議事録はすでに入手していたものと同じものに思えた。一方、配布資料を精査すると、汚染土をクリアランスレベルの100ベクレルまで浄化すると約二兆九〇〇〇億円かかるが、8000ベクレルだと約一兆三五〇〇億円に抑えられるとする試算を見つけた。これは公表されていなかった。

環境省はおそらく、クリアランスレベルを再利用基準とする経済的不合理をアピールする目的で試算したのだろう。にもかかわらず公表しなかったのは、クリアランスレベルを否定する「結論ありき」の姿勢があらわになるのを恐れたからか、もしくは一・三五兆円でも「高い」との印象を持たれるのを嫌がったからだろう。

「毎日新聞」八月三日朝刊で「原発事故汚染土再利用／基準緩和でコスト削減／環境省試算8000ベクレルで1・5兆円」との記事を掲載した。

この時はまだ、膨大な発表資料の中に潜む重大な問題点に気づいていなかった。

廃棄物の再利用基準は3000ベクレル

二〇一六年夏はリオデジャネイロ五輪の関連記事で紙面があふれかえり、記事掲載がままならないこともあって、いったん汚染土再利用の報道から、福島市や伊達市など現地の除染問題に取材の軸足をシフトしていた。

同年一〇月に入り、再利用の取材を再開した。

環境省は六月の戦略検討会で、南相馬市内の仮置き場で汚染土の上から非汚染土をかぶせて盛り土を作り、作業者は年間1ミリシーベルト、周辺住民は0・01ミリシーベルトを上回らないか確認する実験を準備していると発表していた。

ところが実験では3000ベクレル以下の汚染土しか使わないという。基準は8000ベクレルなのだから明らかにおかしいし、そんな実験は意味が乏しいはずだった。

理由を聞くと、実験場所に予定されている南相馬市の桜井勝延市長が「避難指示区域内で発生した汚染廃棄物の再利用基準は3000ベクレルだ。8000ベクレルなんて認めない」と環境省に猛抗議したからだという。——

前述した通り、汚染土再利用の基準8000ベクレルは指定廃棄物に合わせたものだ。

事故後に定めた放射性物質汚染対処特別措置法では、８０００ベクレルを上回る廃棄物は国が責任を持って処分し、これを下回るものは市町村や民間業者が通常の廃棄物と同様に処分するよう規定している。ただ、これは避難指示区域外の話だ。避難指示区域内の廃棄物については、汚染レベルに関係なく環境省が直轄で処分する枠組みになっていた。

それにしても汚染が８０００ベクレル以下なら他の廃棄物と同様に処分しなければならないというのは、放射能汚染を公然と無視しているようでどうにも納得がいかない。汚染を引き受けなければいけない理由が市町村や業者、住民にあるはずがない。

国が８０００ベクレルを安全基準に定めたのだから、それ以下は通常の廃棄物と同様に扱うべきだというのがこの国の為政者たちの論理だろう。しかし、誰がそれを納得できるだろう。原発事故による汚染を引き受けるいわれなどないというほうが説得力ある論理ではあるまいか。

広範囲の放射能汚染という未曽有の事態に対して、この国の為政者たちは正面から取り組まなかった。本書で繰り返し紹介している通り、事態の評価をねじ曲げて矮小化し、従来存在する法制度に無理矢理押し込めただけだ。

汚染廃棄物の再利用に触れたい。

東日本大震災の地震と津波で、東北地方太平洋岸の防潮堤や防災林、道路などの土木構造物は壊滅的被害を受けた。

復旧工事には膨大な量の土木資材が必要となるため、津波被災地の自治体は事故直後から、建物解体で出るコンクリートがれきなどの廃棄物を再利用できるよう国に求めていた。建物の解体や道路補修で発生するコンクリートやアスファルトのがれきは、法律上は廃棄物として扱われるが、実際には土木構造物の基礎部分などに広く再利用されているからだ。だが福島の場合、放射能汚染という大きな障害があった。

環境省は二〇一一年一二月、「管理された状態での災害廃棄物（コンクリートくず等）の再生利用について」を出した。

「管理」の文言から分かる通り、環境省はすでにこの時点で、作業者の被曝は年間1ミリシーベルト以下、一般人は0・01ミリシーベルトを上回らないとする考え方で再利用の基準をはじき出している。

汚染土との違いは、再利用の基準が8000ベクレルではなく3000ベクレルであることだ。

避難指示区域内で発生したコンクリートがれきがどの程度再利用されているのか気になり、

インターネット上に公開された資料を探し回った。だが基本的なデータすら見つからない。

環境省の担当者に直接問い合わせるため、担当部署を調べたところ、「廃棄物・リサイクル対策部」内にある「対策地域内廃棄物チーム」だと分かった。

除染・中間貯蔵施設の担当局は「水・大気環境局」だ。驚いたことに除染・中間貯蔵施設と廃棄物では担当部局が違うのだ。未曽有の事態にあっても、従来の法制度や部署の枠組みに無理矢理押し込んでいる現状がうかがえた。

問い合わせに対して、廃棄物チームの担当者は「そうしたデータは公表していない」と答えた。ということは、どうやらデータ自体はあるようだ。公表しない理由を尋ねると、「風評被害とかあるので、地元の要望とかもあって……」と、これまた歯切れが悪い。

再利用の基準を決めて公表しておいて、実際に再利用されたデータを公表しないというのは納得がいかない。二〇一六年一〇月、環境省に情報公開請求した。

一カ月後の一一月中旬、避難指示区域内で出た汚染廃棄物の再利用一覧が開示された。九月末までに再利用されたのは計約三五万トン。大半がコンクリートがれきで、再利用先は南相馬市、浪江町《なみえまち》、楢葉町《ならはまち》だった。個々の工事名は書かれていなかった。

避難指示区域内の市町村にはそれぞれ、廃棄物を処理するヤードがあり、家屋解体などで発生する木材を焼却する一方、コンクリートは破砕して保管し、放射能濃度や表面線量を測定したうえで、県や市などに再利用のため無償提供しているのだという。

「意外に少ない」というのが正直な感想だった。環境省が二〇一一年一二月に3000ベクレルの再利用基準を示したものの、しばらくの間はほとんど再利用がされず、実際に動き出したのは二〇一四年度に入ってからだという。さらに国が定めた3000ベクレルではなく、もっと低い独自の濃度基準を定めている自治体もあり、思ったほど受け入れられていないのだという。


汚染土再利用の実験場に予定されていた南相馬市小高区《おだかく》行津《なめづ》の仮置き場は、福島県の太平洋岸を南北に貫く国道6号沿いにあった。小高区は原発から半径二〇キロ圏内にあり、国は二〇一六年七月、住民の反対を押し切る形で避難指示を解除した。少し南に進むと、当時まだ避難指示が解除されていなかった浪江町内に入る。

問題の仮置き場には、城郭の石垣のように黒いフレコンバッグが積み上げられていた。まだ搬入が続いていたからか、それとも実験を予定していたからかは分からないが、緑色のカバーはかぶせられていなかった。

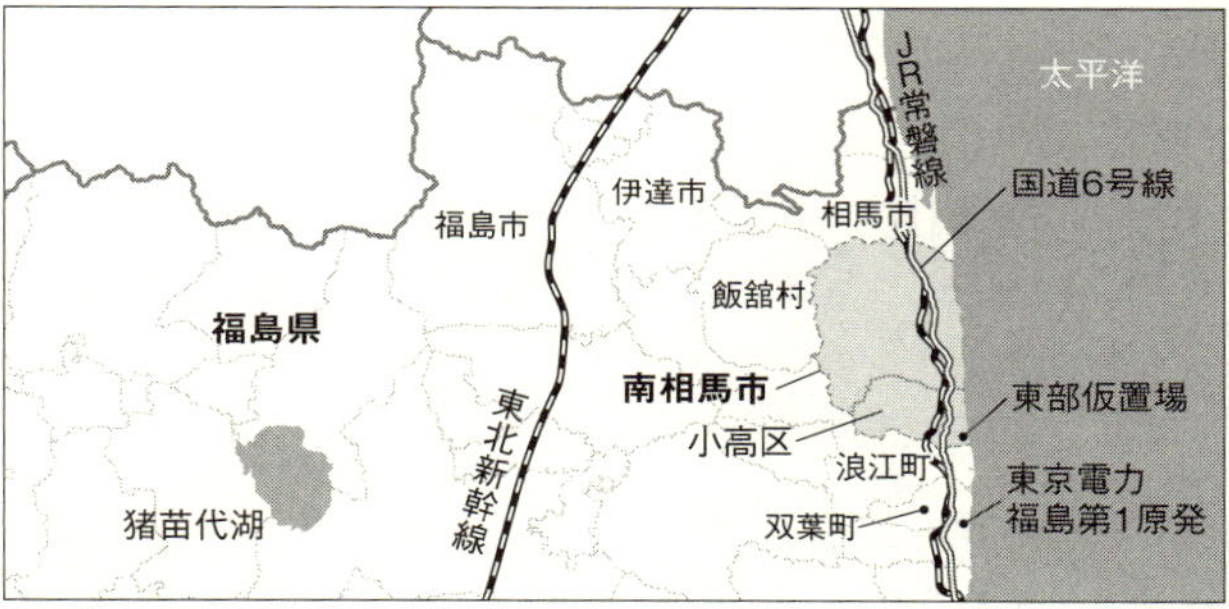

福島県南相馬市

近くにある高台に登って仮置き場を見下ろすと、積み上げられたフレコンバッグの奥に空いているスペースを見つけた。どうやらそこが実験の予定地だった。

一〇月下旬、仮置き場内の土地を所有する六〇代の男性に話を聞くことができた。小高区の避難指示は解除されたが、南相馬市の北側に隣接する相馬市内で妻と二人、「避難」生活を続けていた。

仮置き場内の土地は元々水田だったという。だが、戻ったところで米作りを再開できるはずもなく、国が実験場として使うことに反対はしていなかった。

だが、男性は「国の進め方には納得がいかない」と首を傾《かし》げた。「再利用って何のためにするのかね。ピンと来ないんだよね。わざわざかき集めた放射能をまた開くんでしょ。でも、いくら聞いても答えがないんだ」

話は避難生活、そして原発事故全般に及んだ。「国はい

汚染土再利用の実験場所に決まった南相馬市小高区の仮置き場

つもそうだ。俺は〝帰りたくない〟と言っているんじゃない。避難指示の解除が早すぎる。国はいつも一方的だ。もう慣れっこだけどね」

翌朝、南相馬市原町区内にあるビジネスホテルの食堂で朝食を取っていると、隣のテーブルに座る初老の男性二人の会話が漏れ聞こえてきた。二人とも自宅の除染や解体に立ち会うため、避難先から一時的に戻ってきていたようだった。

「これから除染の立ち会い。五年も住んでいないから、解体して建て直すしかない」

「うちはこれから解体。ようやく順番が回ってきた」

「うちはまだまだ。解体するから先に除染しても仕方がないんだけどね」

原発被災者たちの会話は諦めたような独白で

終わることが多い。

南相馬市の桜井勝延市長は環境問題の市民活動をきっかけに地方政治に飛び込み、二〇一〇年一月に市長選挙に初当選した。事故直後、放射能のため南相馬市に支援物資が届かない中、必死の形相で救援を訴える姿が世界中に衝撃を与えた。

二〇一六年一〇月、市長応接室で向き合った桜井市長（当時六〇歳）は、マラソンが趣味というだけあって引き締まった体つきで、ざっくばらんな福島弁で取材に答えてくれた。

桜井市長によると、汚染土再利用の実証実験について環境省から市に打診があったのは二〇一五年秋ごろ。市長も再利用、そして実験そのものに反対はしなかったという。

それは事故直後の経験があったからだ。防潮堤や海岸防災林の復旧には膨大な資材が必要になるため、災害廃棄物を再利用できるよう繰り返し要望した。しかし環境省は六価クロムやヒ素などの有害物質を理由になかなか再利用を認めなかった。それでも繰り返し要望した結果、最終的に「３０００ベクレルまでなら」と認められた。

その時点ですでに矛盾が生じていた。農地除染では５０００ベクレル超の表土ははぎ取るが、５０００以下は表層土と下層土を入れ替えるだけだ。

「5000ベクレル以下の土をそのまま置いておいて、3000ベクレルまで（しか再利用できない）っておかしいだろ。説明がつかない。3000ベクレル程度の農地なんて、そこら中にある」。桜井市長は矛盾を端的に指摘した。それでも認めるしかなかった。

事故から五年以上が経ち、環境省は汚染土の再利用基準を8000ベクレルに決めた。桜井市長の目には「どさくさまぎれ、場当たり的」に映ったようだ。「中間貯蔵がうまくいっていないから緩めたようにしか見えない」と怒りをぶちまけた。

桜井市長が3000ベクレル以下のコンクリートがれきを再利用する方針を説明した際、「市長は国とつるんでる」「俺たちにウソをついている」と、市民から激しい反発を受けたという。放射能に汚染された被災地でも、汚染を引き受けなければならない理由はない。市民が反発するのも当然だった。

「これでは、俺が今まで住民に言ってきたことと食い違ってしまう。環境省は環境を守るために厳しくするのが仕事じゃないのか。それを緩めてどうするんだ。我々は再利用の必要性があると思ったから〝3000でやりましょう〟と受け入れた。それを環境省は〝中間貯蔵が遅れてもいいのか、だから8000まで引き受けろ〟と言い出した。そんな高圧的なやり方おかしいと思わないか」

問題の本質は数字の矛盾ではない。当事者の納得を得るプロセスを踏んでおらず、納得を得るための理屈さえも通っていない。ただ一方的に、そして無責任に押しつけているだけだ。これは民主主義の問題なのだ。そう確信しつつあった。

第四章

議事録から消えた発言

汚染土再利用②

環境省。東京都千代田区霞が関　撮影／編集部

議事録から消えた発言

調査報道には、地を這《は》うような現場取材で積み上げた「地ネタ」と、政策決定の真意をえぐり出すように本質を突く「特ダネ」の両方が必要だと筆者は考えている。現場取材だけでは問題の構造を示せないし、特ダネだけでは不合理な政策によって生じた実害を見せられない。

二〇一六年一〇月下旬、筆者は汚染土再利用の問題点を改めて調べようと、環境省が八月にホームページ上で公表した「除去土壌等の再生利用に係る放射線影響に関する安全性評価検討ワーキンググループ（WG）」の議事録と配布資料を読み返した。

何度も何度も読み返すうち、いくばくかの違和感を覚えた。

環境省が公表した議事録はそもそも二種類あった。一つは最終的な「議事録」。もう一つは、会合で資料と合わせて配布される前回会合の「議事録案」だ。

環境省の担当者によると、WGの事務局をしている日本原子力研究開発機構（JAEA）の担当者が議事録案を作成し、会合の中で出席者に確認してもらい、最終的な議事録に仕上げるのだという。

しかし第六回会合（五月一七日）の配布資料に入っていた第五回会合（四月二七日）の議事録案には、ほかの議事録案や議事録と違って発言者の名前が書かれていなかった。発言内容もごく短くしか記載されておらず、分量はわずか一ページ。さらに、タイトルも「議事録案」ではなく「議事メモ」になっていた。

ところが、第五回会合の最終的な議事録は、ほかの回と同じように発言者の名前が記載され、発言内容も増えて二ページほどになっていた。環境省の担当者が言うように、出席者に確認を求めているだけというなら、議事録案から議事録にする過程で発言者名を入れ、発言も増やすというのは明らかにおかしい。

ほかにもおかしなことがあった。第五回会合の配布資料だけ、その前にあった第四回会合（二月二四日）の議事録案が入っていなかった。この回だけ出席者が前回の議事録を確認していないというのは不自然だ。

ある出来事を思い出した。六月に環境省除染・中間貯蔵企画調整チームの小野洋チーム長に直撃取材した際（第三章）、小野氏は議事録が漏れていると察し、「その議事録は間違ったことが書いてあるかもしれないから気をつけたほうがいい」と筆者を牽制《けんせい》した。

さらに、小野氏は「情報公開請求してもらえれば議事概要ぐらいは出そう」とも話した。小野氏が議事録について強い警戒心を抱いていたのは明らかだった。議事録を何かいじっているのではないか、そんな疑いを抱いた。

WGの議事録は本当はどのように作られ、どのように共有されていたのか。関係者によると、JAEAの担当者は会合終了後すぐに議事録案を作成し、数日後にいったんメールで出席者に送っていたという。もちろん環境省の複数の担当者にも届いている。

分かりやすく説明するため、JAEAの担当者がメールで出席者に送った議事録案を「素案」と呼びたい。筆者はこの素案を入手した。

この素案を、環境省がホームページ上で公表した議事録や議事録案と何度も読み比べた。すると、いくつかの「違い」があることに気づいた。

第四回会合の素案から三つの発言が消え、公表された議事録と議事録案に掲載されていない。素案から削除されていたのは、以下の三つの発言だった。原文のまま紹介したい。

①「環境省：8000Bq／kgというのは、実質的には、福島県内の帰還困難区域等で使われることを考えた時の話である。濃度5000Bq／kgを基準にしたら分かりやすいが、実際に被災地の公共工事で5000Bq／kgを超える土壌が出てきたときに、中間貯蔵施

設に入れるしかないということになってしまう。8000Bq/kgの評価で災害時など1mSv/yを少し超えるケースが出ているが、これが1mSv/yに収まるとよいのだが……」

②「環境省：防潮堤の用途で全国どこでも8000が使えればよいと考えていた」

③「事務局（浅妻）：今日ご議論頂いた纏《まと》め、議事録は、おって各委員に確認依頼をする。その後については来年度、規制庁への対応まで、サポートを頂くことを考えているが、今年度分作業については、環境省殿とご相談、調整して、必要に応じ、別途、ご意見伺い、お呼びかけ等をすることとしたい。まずはこれまで4回のWG会合でのご検討、どうもありがとうございました」

ちなみに①は発言が丸ごとなくなっていたが、②は発言の一部だけが抜き取られていた。また③の「浅妻」とはWGの進行役を務めたJAEAの職員とみられる。

第四回会合の配布資料を見ると、JAEAが大きく分けて二種類の試算を提示していた。

一つは防潮堤、道路盛り土などの土木構造物ごとに施工時や供用中、そして災害で崩れた後の復旧工事に携わる作業員に年間1ミリシーベルトまでの被曝を認めるとして、どのぐらいの濃度まで再利用できるかの試算だった。

その結果は1キロあたり5400～8600ベクレルとなっており、土木構造物や作業内容などすべてのケースで年間1ミリシーベルト以内に収まる濃度は5000ベクレルとの結論を出している。

もう一つは逆に、5000ベクレルや8000ベクレルといった濃度の汚染土を再利用した場合に、作業員や住民がどの程度被曝するかを試算したものだ。5000ベクレルであれば、作業員が年間1ミリシーベルト以下、住民も0・01ミリシーベルト以下に収まるものの、8000ベクレルだと防潮堤の災害時復旧作業員で被曝線量が最大1・6ミリシーベルトに達する。

つまり8000ベクレルを基準とした場合に作業員の被曝が1ミリシーベルトを超えるという、環境省にとってきわめて不都合な試算だった。

ところが六月に「基本的考え方」と合わせて配布された資料では、8000ベクレルの汚染土を使った防潮堤の復旧作業員の被曝線量が1・6ミリシーベルトではなく、半分の0・8ミリシーベルトになっていた。

半分になった理由は「希釈」にあった。崩れた際に土砂が入り込んで二倍に希釈されるとして、試算をやり直していたのだ。

第四回会合の議事録素案を見ると、環境省担当者による発言①の後、専門家委員たちが「崩れれば他の土と混ざり合って希釈される（薄まる）」などと追従。これを受けてＪＡＥＡ職員が試算のやり直しを決めている。

８０００ベクレルの結論ありきで試算をやり直すよう環境省の担当者が誘導したにもかかわらず、公表する議事録から削除したように読める。これは不都合な経緯を「なかったこと」にする「隠蔽」ではないか。そう直感した。

情報公開制度の根幹

議事録と配布資料をホームページ上で公表した際、環境省の担当者は「情報公開法上は〝全部開示〟の扱いだ」と話していた。確かに公表された議事録や資料に黒塗りはなかった。

しかし、表向きは「全部開示」としつつ、実はこっそり一部を削除していたとしたらどうだろう。まるで最初からなかったかのように。これだと、いくらでも不都合な情報を隠すことが可能になる。まさしく歴史の改竄だ。

まずは「全部開示」の事実を明確にする必要があった。公表した際は記者会見が開かれておらず、「全部開示」は筆者が担当者から聞いたに過ぎない。直撃取材に臨んだ際に「あれは『全部開示』ではなかった。だから削除しても問題ない」と逃げられる危険性をあらかじめ潰しておきたい。

そこで環境省に対して、二〇一六年度に受けたすべての情報公開請求と開示決定の概要をまとめた「管理簿」を情報公開請求した。ここに「全部開示」と記載があれば、逃げ道を塞ぐことができる。

約一カ月後に開示された管理簿を見ると、筆者を含めて六人がWGの議事録を情報公開請求していた。その結果はいずれも「全部開示」。まず一つめのハードルを越えた。

次に議事録の「素案」が情報公開法における公文書（正式には行政文書）にあたるかを検討した。

環境省が公表した最終的な議事録や配布資料はいずれも間違いなく公文書と言えるだろう。しかし会合直後にメールで送られた素案はどうだろうか。環境省が「まだ公文書ではない。だから削除しても問題ない」と言い逃れるのではないかと予測した。

情報公開法（正確には「行政機関の保有する情報の公開に関する法律」）では、行政文書を「行政機関の職員が職務上作成し、又は取得した文書、図面及び電磁的記録であって、当該行政機関の職員が組織的に用いるものとして、当該行政機関が保有しているもの」と規定している。

この条文を読む限り、環境省の複数の職員がメールで受け取っているのだから、「素案」も公文書にあたるように思えた。だが確信が持てない。そこでＮＰＯ法人「情報公開クリアリングハウス」の三木由希子理事長に相談した。

環境省は越えてはいけない一線を越えている

情報公開制度を使って取材する新聞記者、ジャーナリストにとって、三木さんは「教師」のような存在だ。筆者も本格的に原発事故取材を始めた二〇一二年以降しばしば相談に乗ってもらっている。

素案は、ＪＡＥＡの担当者から複数の環境省職員にメールで送られている。削除された発言以外、公表された最終的な議事録とほとんど違いがない。三木さんは「組織的に供用している行政文書と言える。環境省もそこは認めざるを得ないだろう」と明言してくれた。

三木さんがより大きな問題と指摘したのは、「全部開示」にもかかわらず、環境省が開示期限を一度延長したことだ。

環境省の担当者は延長後の七月一三日と二八日、二回にわたって議事録案を添付したメールを出席者に送り、「差し障りがあればチェックのうえ修正したい」として内容の確認を求めていた。「すべて公表する」と言っていた裏で、こっそり議事録の修正を図っていたのだ。結果的にほとんど修正されなかったが、三木さんはこれを「情報公開制度の趣旨に反する行為だ」と批判した。

情報公開請求を受けた時点での記録や文書をありのまま開示するのが情報公開制度の大原則だ。請求後に修正を図るようでは、情報公開制度が骨抜きになりかねない。

非公開会合の議論を誘導したとも見える環境省担当者の発言を削除し、検討プロセスの一部を隠したことをどう評価すべきだろうか。

そう尋ねると、三木さんは「行政文書の管理に関するガイドライン」と題した文書を示した。これは公文書管理法の具体的な運用方法をまとめたもので、民主党政権下の二〇一一年四月に決定されている。

ちなみに南スーダンに派遣された陸上自衛隊の日報や加計学園の獣医学部認可に絡むいわゆる「総理の御意向」文書など、近年情報公開と公文書管理のありようが問われる問題が相次ぎ、このガイドラインも脚光を浴びた。

ガイドラインは行政機関が設置する審議会や懇談会の文書について詳細に規定していた。例えば、今回のように出席者にメールで連絡した場合、このメールも行政文書にあたるとして、適切に保存するよう求めている。議事録については特に詳細だった。東日本大震災と福島第一原発事故直後の国の議事録未作成問題を受けて、新たに付け加えられたのだという。

「当該行政機関における経緯も含めた意思決定に至る過程並びに当該行政機関の事務及び事業の実績を合理的に跡付け、又は検証することができるよう、開催日時、開催場所、出席者、議題、発言者及び発言内容を記載した議事の記録を作成するものとする」

このガイドラインを踏まえ、三木さんは一部発言を削除した今回の問題点を端的に指摘した。

「部分的に黒塗りにすると目立つし、（請求者から）異議申し立てをされる危険性もあるから、削除するとか、初めから公開したいところしか記録しないというのは〝隠蔽〟にあたる。これではいくらでも都合良く歴史を改竄できてしまう。環境省は越えてはいけない一線を越えている」

不都合だから削除して初めからなかったことにする、それがいかに民主主義社会において重い罪か、森友学園問題における財務省の文書改竄問題を持ち出すまでもなく明白だ。それにしても、霞が関では日常的に行われている行為なのだろうか。これがこの国の民主主義の現状だとしたら気が重くなるばかりだ。

再び直撃取材

外堀を埋めた後はいよいよ直撃取材だ。問題は誰をターゲットにするかだ。

議事録から削除された発言の主は、二〇一六年六月にも直撃取材した環境省除染・中間貯蔵企画調整チームの小野洋前チーム長と推察された。

一方、実際に議事録から削除したのは、情報公開請求を受けて出席者に修正を求めるメールを送った環境省の若い男性担当者と思われた。名刺に書かれた職名は係長にあたる主査となっていた。

一人ずつ順番に当たれば、先に当たったほうから取材の狙いが漏れ、もう一人が取材を避けたり、仮に取材ができても、あらかじめ言い逃れを用意される危険性がある。できれば二人まとめて一緒に直撃取材したい。

正面から取材を申し込むしかないが、小野氏は六月に直撃取材した直後に異動しており、すでにチーム長のポストを離れていた。「後任者に聞いてくれ」と断られる危険性もある。何よりすでに一度直撃取材しているため、筆者は警戒されている。「汚染土再利用について聞きたい」などとあいまいな内容で取材を申し込んでも応じないだろう。ある程度狙いを悟られるリスクも覚悟のうえで、「ＷＧの議事録と配布について聞きたい。だから二人一緒に取材させてほしい」と正面から依頼するしかなかった。

一一月下旬、若い男性主査に電話をかけて取材を申し込んだが、なかなか返事が来ない。できれば二〇一七年の元日紙面に掲載したいと目論んでいたが、急《せ》かせると足元を見られる危険性もある。じっと我慢して連絡を待つしかなかった。

いったんは一二月一日に取材のアポイントメントが入った。だが当日、環境省を訪れたところ、男性主査は体調不良で欠勤していた。小野氏が「私だけ先に取材を受けましょうか」と提案してきたが、「できれば一緒にお願いしたいので」と断り、次の機会を待つことにした。

一週間後、取材の機会が再び訪れた。取材場所に指定された環境省内の打ち合わせスペースに現れたのは、小野氏と男性主査のほか、小野氏の後任にあたる神谷洋一参事官、それから参事官補佐の計四人だった。おそらくチャンスはこの一回しかない。以下はこの取材の主なやりとりだ。

――八月にホームページ上で公表した議事録は「全部開示」ということでよいか？

主査「はい、そう」

――それなのになぜ、その前に開示決定を延長したのか？

主査「関係者へのお知らせというか、事前調整というか、そういったものが一カ月では収まらなかった。単純にそれで……」

――小野さんに聞きたい。第四回会合の配布資料を見ると、８０００ベクレルを使うと、防潮堤の建設時と災害時に１ミリシーベルトを超える試算になっている。

小野「はい」

――これは二倍に希釈することでクリアしたという理解でよいか？

小野「はい、その通り。ＪＡＥＡとの議論だったか忘れたけれど、津波で流されているのに、土がそのまま残っているということはないだろうということで」

――防潮堤を主な用途と考えているということでよいか？

小野「現実的に使える用途としてそう考えている」

まずは公表された議事録や配布資料に基づき前提事実を確認した。そしていよいよ核心に近づいていく。

——七月四日に情報公開請求の開示延長の通知を受け取った。この後に議事録を修正していないか？

主査「修正ですか……。していない……」

——七月一三日と二八日に、「修正があれば指摘してほしい」と書いたメールを送っていないか？

主査「……。メールを送ったかどうか確認が必要で……。あの……まあ、入手しているのであればしたのでしょうが……」

——議事録の素案というのは誰が作成しているのか？

主査「ＪＡＥＡが作成している」

——環境省はそれをどう入手しているのか？

主査「ＷＧが終わって何日後かにＪＡＥＡからメールで。我々に限らずＷＧの委員に……」

——ということは、次回会合で見るより前に、まずメールで見ているのか？

主査「送られて来ていたと思う」

予想に反して、主査は「素案」を前もってＪＡＥＡからメールで受け取っていたことをあっさり認めた。そこで単刀直入に質問を投げ掛けることにした。

——そのメールで送られた素案と公表した議事録に違いはないか?

小野「まあ、ありうるのでは。ＪＡＥＡからメールで入手して、ＷＧで示して、各委員がチェックしてその直したものを議事録にするので、趣旨を取り違っていることもあるかもしれないし」

この発言は「削除」を正直に認める趣旨ではなく、「言葉の誤りは直すのが当然」として、むしろ恣意的、意図的な削除を否定する趣旨と思われた。

——第四回会合の議事録だが、素案にはあるのに最終的な議事録には入っていない発言がある。削除していないか?

主査「削ったというか……。よく覚えていない」

——なくなっているのは、「８０００ベクレルだと災害時に1ミリシーベルトを少し超えるケースが出ている。これが1ミリシーベルトに収まるとよいのだが」という発言と、「防潮堤の用途で全国どこでも８０００が使えればよいと考えていた」という発言だ。これは小野さんの発言ではないか？

小野「自分が出た際のは読まないので……」

――言ったかどうか覚えていないということか？

小野「はい……」

――この発言の後、（ＪＡＥＡが）希釈して試算をやり直している。なぜ削ったのか？

小野「削れと言った記憶はないが、もし削っていたとしたら、それは趣旨が違うとか……。希釈するのおかしいかな」

――ごまかさないでほしい。元々の試算では８０００ベクレルで１ミリシーベルトを超えていたのに、希釈を導入したことで収まっている。

小野「そりゃ、収まったほうがいいけど。真っ当に計算して収まったわけで……」

――だったらなぜ削除したのか？

小野「あいまいな発言だからかなあ、もしかしたら……」

――（主査に）あなたが削除したのか？

主査「分からない。記憶にない……」

――もう一つ削除した発言がある。最後のＪＡＥＡ職員の発言だ。これを削ると、あらかじめ議事録の素案がメールで配布されている事実を隠せる。

主査「ずいぶん深読みですね」

――だったら、なぜ削る必要があったのか？

小野「毎回言っているからじゃないかな」

――そもそも、きちんと議事録を作成していないのなら会合を非公開にしてはいけないのではないか？

小野「………」

――もう一度聞きたいが、なぜ削除したのか？

主査「私が削ったかどうか、私は自分の意思で、これを削ったかどうか記憶にない……」

二人とも縷々《るる》釈明しているが、少なくとも削除した事実を否定しておらず、「覚えていない」と言っているに過ぎない。

――公文書管理、情報公開のうえで問題があるのではないか？

小野「請求時点では（すでに削除されていて）なかったのではないかと」

――請求時点ですでに削られていたと証明できるのか？

小野「それはできない」

――それならいつ削ったのか。なぜこれを削る必要があったのか？

小野「えーと……。いや、それは誘導尋問だ。まあ言った覚えがないということで……」

――これは「全部開示」の扱いでしょう。素案から一部削除しておいて、それを全部公開としていいのか？

小野「証明できないというのはその通りだが、初期の段階で（削った）……。元々は全部公開するなんて想像していなかった……。何と言うか、我々内部の勉強会みたいな。専門家に教えてもらいながら、それを公開でやるというのは……」

――非公開でも議事録を作成しなければならないという認識があったから作ったのではないのか。それを削っておいて、「覚えていない」はまずいのではないか？

小野「………」

――この素案は公文書ではないのか？

小野「違うと思う……」

――公表したものは？

小野「それは公文書だが……」

――意味が分からない。不適切な行為だとは思わないのか？

小野「違う。まあ、あえて言うと、何と言うか、我々が強引に方向を誘導したみたいに思われると困るなあと」

明らかに意図的に削除した前提で質問に答えている。そして議論を誘導した認識があるのも間違いなかった。確かな手応えを感じた。

――六月に取材した際、「その議事録は間違ったことが書いてあるかもしれない」と話したのを覚えているか？

小野「あの、正直な話、こうやって直していくので、最終的にどのバージョンにするか分からないので……」

啞然とするしかない。霞が関では議事録の変更など当たり前だと開き直っているに等しい。

――改めて聞きたい。情報公開制度上、削るのは適切か？

小野「削った覚えはないけど……。そんなに……。何と言うか問題だとは……。しかし、こんなことよく調べるよね」

緊張の直撃取材が無事終わり、ヤマ場を越えた感触があった。それでも取材を尽くすため、素案の作成に関わったＪＡＥＡの担当者にも直接取材を試みた。

環境省の担当者や専門家委員らに素案を添付したメールを送っていたのは、ＪＡＥＡ福島環境安全センター東京駐在の職員だった。オフィスの直通番号に電話をかけると、幸運なことに、この職員が直接電話口に出た。

——議事録を添付したメールを環境省の職員や委員に送ったのはあなたか？

「えーと……私ではない……」

——環境省はそう言っていたが？

「えーと、ああ、はい。別の職員が作成したものを私のほうでとりまとめて送ったことはあった」

——あなたや作成した職員もＷＧに出席したのか？

「はい」

——議事録はＩＣレコーダーか何かの録音を基に作ったのか？

「そうだと思う。私がしたわけではないが」

――メールを送った後で、議事録から発言を削除したことはあったか？

「えーと、たどってみないと思い出せないが、議事録を送ったことはあったが、送ってくれと言われたから送っただけで、どう確定したかは私も分からない」

――環境省の担当者から議事録の削除や追加について連絡はあったか？

「ないと思う」

期待したほどの中身はなく、電話を切った直後はかすかに失望を覚えた。でも、その後取材メモを読み返したとき、彼が重大な事実を明かしていたことに気づいた。

WGの録音がJAEAにある。

情報公開と公文書管理の制度を根本からゆがめる悪質な行為

年が明けて、二〇一七年一月五日の「毎日新聞」朝刊一面トップで「汚染土議事録／環境省　発言削除し開示／再利用誘導　隠蔽か」と報道した。

この会合の正当性が根底から崩れたと指摘する解説を付けたうえで、前述の情報公開クリアリングハウスの三木さんのコメントも掲載した。三木さんは実に分かりやすくこの削除の問題点を指摘してくれた。

「環境省として誘導したことが不都合なのだろうが、最初から結論ありきで、専門家を使って責任回避しているのは問題だ。意思形成過程の記録は非常に重要なのに、このやり方では検証できず、いくらでも不都合を隠すことが可能。情報公開と公文書管理の制度を根本からゆがめる悪質な行為だ」

社会面では、環境省の担当者たちが情報公開請求を警戒し、黒塗りなしの「全部開示」にもかかわらず開示決定を延長。こっそり出席者に修正を求めるメールを送っていた事実を報じた。

記事には手応えを感じていた。だが「汚染土管理に170年」の記事とは違って、他の新聞やテレビは後追い報道をしなかった。

翌日午前、環境省内で山本公一環境相の閣議後会見が開かれた。

三〇人ほどの記者が出席していたが、誰もこの件について質問しない。やむなく筆者が「情報公開の在り方として適切だと思うか」と見解を尋ねた。

質問が出るのを予想していたのだろう。山本環境相は手元のペーパーを広げ、声に出して読み上げ始めた。

「今回の会合については逐語的な議事録の作成が義務づけられていないが、会合における議論の参考にするために、発言の概要をまとめた資料を作成している。そうした会議概要の作成にあたっては所要の要約が行われることになり、指摘の発言については、要約作業の中で、会議に必要なポイント等の観点から整理した」

小野氏が最後まで明確には認めなかった「削除」の事実をあっさりと認めた。そして、不都合な発言の削除を、「要約しただけ」とすり替えた。

そもそも非公開会合の存在と議論の中身が一部暴露され、政策決定過程の透明性や正当性が疑われたために議事録を「全部開示」したはずだ。過去の経緯がなかったかのように、「元からすべての発言を記載しているわけではない」と開き直ったのだから、インチキと言うほかない。

それなら環境省が恣意的に削除していたことをさらに立証するしかない。WGの議事録素案と合わせて、録音とメールを開示するようJAEAと環境省に情報公開請求した。

ところで記事の反響が乏しく少々落胆していたところ、自民党の秋本真利衆院議員が二月二二日の衆院予算委員会第一分科会でこの問題を取り上げてくれた。

秋本議員は河野太郎外務相と並び、自民党では数少ない「脱原発」論者だ。「原発銀座」と呼ばれる福井県敦賀《つるが》市を訪れる際に、地元のタクシー会社から「乗車拒否」にあったというエピソードは有名だ。

秋本議員は「なぜ8000ベクレルになったか、事後で検証できるように文書を作成しなければならないはずにもかかわらず、そこの発言部分を落としていましたというのは、隠蔽としか言いようがない。悪質極まりない」と環境省を厳しく追及した。

だが与党議員の追及を受けても、環境省の小川晃範審議官は「要約したものだ」という「公式見解」を繰り返し、反省すら見せなかった。

再び非公開会合を開催

二月二四日午後、環境省の担当者や専門家委員らWGのメンバーが再び東京・内幸町のJAEA東京事務所に集まった。またしても事前告知をしないまま、非公開で第七回会合を行った。

小野氏の後任である神谷洋一参事官は冒頭、このような挨拶をした。

「このワーキングについてはマスコミなどで取り上げられたことをおわび申し上げる。議事の進め方、運営について指摘されているが、考え方の中身を知ってもらうのがミッションだと思っているので、そちらに注目してもらえるよう努力していきたい。これまで通り率直な意見交換を確保するのも大事な一方で、透明性を高めるよう求める指摘にも真摯に応えなければならない。そこで、これまで通りに会議は非公開扱いにして、今後逐語の議事録を作る形にして一定の結論を得れば公表の扱いにしたい」

国民に知ってもらいたいのなら、会議の本質に関わる発言を議事録から削除するのはおかしい。彼らにとっては情報公開など、口先だけの「お題目」に過ぎないのだろう。そもそも透明性をアピールするためにすべての発言を収めた議事録を作成するというなら、最初から会議を公開すればよいはずだ。


窪地《くぼち》の埋め立てに汚染土を再利用するのが今回の非公開会合のテーマだった。

環境省は緑地公園や森林を造成する名目で、窪地の埋め立てに汚染土を使おうと目論んでいた。だが子どもも遊ぶ公園となれば世論の激しい反発も予想される。三月二七日に予定している戦略検討会を前に、またしても「理論武装」が必要となったのだろう。

これまでと同様、ＪＡＥＡが、この用途だと１ミリシーベルト相当の濃度が４０００～７０００ベクレルになるとの試算を示した。ところが作業員の内部被曝を想定に加えていなかったことが判明し、専門家委員から「〝考慮していないのではなくて、評価したが小さい〟と書いたほうが安心感が増す」と意見が上がった。

ところで、森林の中で葉や枝が堆積した地表面の層を「リター層」と呼ぶ。リター層にたまった放射能は根から再び吸収され、落ち葉や枯れ枝に含まれて再び地表面に落ちる。そうして途方もなく長い間、放射能は循環を続けていく。汚染土を埋め立てた場所に植えた樹木が成長すれば、木材として使われる可能性も出てくる。だがＪＡＥＡの担当者は、森林での循環や木材利用も想定に加えていなかった。

出席者からさまざまな「助言」が寄せられた。「環境問題とかやっている人はこういうことにうるさいから資料で触れたほうがいい」「別の規則によって利用が制限されていると合わせて書けば相手方も心配しなくて済む」。もちろん住民たちの被曝を懸念しているからではない。議論が表に出たときに批判を受けないよう取り繕うためだ。

三月二四日、環境省内で神谷参事官と面会した。今回は二七日の戦略検討会よりも前に報道するつもりだった。当局の目論見を既成事実化するような前打ち報道はしたくないが、今回は戦略検討会で公開される前に記事にしなければならない事情があった。

神谷参事官は「二七日の戦略検討会で明らかにする」としつつも、汚染土で窪地を埋め立てる計画を検討するためＷＧの非公開会合を開いた事実をあっさり認めた。

三〇分ほどで取材が終わると、神谷参事官から「日野さん、異動されると聞きましたが」と逆に質問を受けた。

筆者は四月一日付で特別報道グループから水戸支局に次長として異動することが決まっていた。それが今回、前打ち報道をしなければならない理由だ。

「誰から聞きましたか」。神谷参事官は質問に答えず、「日野さんの異動は環境省にとって最大の関心事なので」と笑った。

三月二六日「毎日新聞」朝刊一面に「緑地公園造成に汚染土／環境省　非公開会合で検討」と記事を掲載した。

明治学院大学の熊本一規教授がコメントを寄せてくれた。

「埋めれば地下水汚染の危険性が高まる。公園にしても誰も利用せず、森林なら根から放射性物質を吸収する。環境を守る意識を感じない。環境省は汚染土減らししか考えていないのでは」

翌日午前、東京・赤坂の会議場で公開の戦略検討会が開かれた。開始直前に配られた資料を見て驚いた。

汚染土で埋め立てて造成した土地の用途が「緑地」としか書かれておらず、非公開会合で配られた資料にあった「公園」や「森林」の表現がなくなっていた。報道との関係は定かではなかったが、意図的に削除したのは明らかだった。

会合終了後、「なぜ『公園』や『森林』の表現を削除したのか」と神谷参事官に問いかけた。神谷参事官はいかにも苦しげに答えた。

「『緑地』ということはWGでも共通しており、緑をかぶせた形というのは一貫している。言葉だけの形と理解してもらえれば……」

あれだけ追及したのに、またしても「削除」だ。あえて言うが、公文書の改竄など当たり前の世界なのかと疑ってしまう。ムキになって追及する自分のほうがおかしいのだろうか。不思議な感覚にとらわれた。

ちょうど同じころ、環境省から議事録素案が開示された。第四回会合の素案の中には削除された三つの発言が掲載されていた。

やはり存在した録音

そして、異動する直前の三月下旬、ＪＡＥＡからＷＧの録音を公開すると連絡が入った。そして四月上旬、録音が入ったCDRが水戸支局に届いた。

非公開会合七回分の録音時間は計約一七時間五〇分。まずはすべてを聞き取り、文字起こしをしなければならない。慣れないデスクの仕事に四苦八苦しながら、深夜や休日を使って文字起こしを進めた。作業が終わったのは五月の連休明けだった。

議事録や配布資料で大筋は分かっているつもりだった。それでも録音を聞いて初めて分かった事実も多い。何より会議の空気感や議論の流れが伝わってきた。重要な政策を検討する公式な会議は公開されなければならないと、痛感した。

ここからは膨大な録音をまとめた内容だ。

第一回会合（二〇一六年一月一二日）の序盤、いきなり見過ごせないやりとりがあった。専門家委員の一人が「一点よろしいか」と発言を求めた。「流布するつもりはないが、どのぐらいプロテクト（情報保護）というか、コンフィデンシャル（秘密）な感じでいけばよいのか」。

これに対して、ＪＡＥＡの担当者が「えーと、公開請求されれば公開しなければいけません」と答えると、環境省の担当者らしき男性が「基本的に非公開です」と割って入った。できるだけ公にしたくない環境省の思惑がうかがえた。

環境省が示した検討の前提条件は、①無限定の流通が認められたクリアランスレベルの考え方とは異なり、被曝線量を低減する措置が講じられた用途に限定、②覆土などで遮蔽がされ、長期間にわたる管理が及ぶ公共事業に限定、③放射性物質汚染対処特措法（除染特措法）における「処分」の一形態とする、④再利用の基準は日本全国を適用基準とする（ただし再利用場所の汚染状況に応じて基準の内容が異なることはありうる）——の四項目だった。

まず議論になったのは、③だった。表向き「再利用」をうたって、「処分」とは違うことを強調しつつ、法令的には「処分」として扱う。分かりにくい話だ。

これは国会審議を避けるため、除染特措法を改正せず、省令改正で済ませるのが目的とみられる。

専門家委員から「解釈が難しい」などと危惧する声が上がった。汚染土が廃棄物ではなく資源であるとの「理解」は一般に浸透していない。再利用か処分かの前に、汚染土の再利用自体がピンとこないと懸念されたのだ。

ＪＡＥＡの油井三和・福島環境安全センター長は「マスコミは（汚染土を）『除染廃棄物』と言っているよね」と、「汚染土」は「資源」だと、メディアにさえ理解されていない現状を皮肉ると、出席者から乾いた笑いが起こった。

専門家委員の一人が「長期にわたって公共工事に用途を限定して、管理付きの前提で進めるということでいいのか。（将来的に）管理を外さない前提でいいのか」と尋ねた。これに対する、環境省の山田浩司参事官補佐の回答が興味深い。

「管理しません。何もしません、壊れてもほったらかし、何もしませんというのは、さすがにまずかろうと……。一度公共事業なりの堰堤《えんてい》でも何でもよいけど造られて、それが機能を果たすための管理がされていくと……。公共の管理がされていくというのが前提というのを想定しています」

とにかく、いったん押しつけてしまえば、「あとは野となれ山となれ」なのだ。無責任な本音がにじみ出ていた。

第一回会合で次に議論になったのは④だった。

ところで国際放射線防護委員会（ＩＣＲＰ）は、事故前のような通常時（計画被曝状況）は年間1ミリシーベルト、また現在のように放射性物質が地表面に広がっている（現存被曝状況）状態は年間1～20ミリシーベルト、そして事故直後などの緊急時（緊急時被曝状況）は年間20～１００ミリシーベルトの間で、被曝基準（限度）を設けるよう求めている。

日本政府は事故直後、「緊急時」を理由に避難指示基準を20ミリシーベルトとした。二〇一一年一二月のいわゆる「収束宣言」で緊急時は終わったはずだ。だが、現存被曝状況にある地域を定めないまま、事故からわずか三年で、同じ20ミリシーベルトを下回った地域は安全として避難指示の解除を始めた。

簡単に言うと、事故を早く終わらせようと、20ミリシーベルトを緊急時の基準から平時の基準にすり替え、本来の被曝限度である1ミリシーベルトを「なかったこと」にしたのだ。

それでは、なぜ汚染土の再利用は20ミリシーベルトではなく1ミリシーベルトを基準にするのか。少々専門的だが説明したい。この汚染土再利用がいかにデタラメか分かるからだ。

そもそも1～20ミリシーベルトの範囲で現存被曝状況にある地域、いわば汚染地域を定めていない、つまり汚染地域を明確にしていないのだから、二つの基準を設けるのは難しい。そして本書で繰り返し述べてきた通り、避難指示区域外の除染基準は1ミリシーベルトだ。「全国共通の基準」を前提にする限り、汚染土再利用の基準は1ミリシーベルトしか残らないのだ。

専門家委員の一人が「現状は現存被曝状況なのか、それとも計画被曝状況にあるのか」と素朴な質問を投げ掛けた。山田補佐は質問に直接答えず、「できれば現存被曝とか、福島県内だと濃いものを使っていいです、という言い方はなるべくしたくない。福島県の方々は県内でどんどん使わせようとしているのではないかと思っているので、県も含めてその考え方を理解してくれていないので」と話した。

別の委員が「現存被曝は定義していないから、そこは触れないでというのが環境省の意図なのか」と単刀直入に聞き直すと、山田補佐は「はい、そうです」と認めた。


現存被曝地域、つまり二重基準で汚染地域を決めるなど、寝た子を起こすようなもので今さらできない。一方で、福島県外での再利用など無理と本心では思っていても、全国共通の基準を設定して、結果として福島県内でしか再利用されなければ、「再利用なんて言って結局、県内処分じゃないか」と批判され、中間貯蔵施設との矛盾も指摘される。

それなら、どう線量基準を設定するのか。議論が行き詰まりかけたとき、専門家委員の一人が「ちょっと詭弁《きべん》かもしれないが」と前置きしたうえで発言を始めた。「現存被曝を決めているわけではないのだから、計画被曝状況で1ミリ（シーベルト）というのも可能ではないか」

他の出席者からも「1（ミリシーベルト）というのは両方共通なので、どっちとも取れる話だからいい」（油井氏）と賛同が相次いだ。若い専門家委員は「もう落としどころは見えている。1ミリシーベルトを現存被曝の下側と読むか、計画被曝の上限と読むかは初めてではない。1

ミリ（シーベルト）の意味を上手に解説する時期。大事なのはまず復旧とか復興とかのために日本全国が協力しなければいけない状態であるというメッセージを出して、現存被曝のプロセスの中で日本全体が動くというのを見せないといけない」と持論を展開した。現存被曝を明確に定めたくはないが、現存被曝を理由に汚染土を押しつけたい、そんな二枚舌が明らかだった。

こうして環境省が当初意図した通り、1ミリシーベルトを全国共通の基準とする方針が固まった。

難題続出

このWG最大の目的は、クリアランスレベルである0・01ミリ（10マイクロ）シーベルトをどう位置付けるか、いや満たしているかのように見せかける理論武装だった。

第二回会合（二〇一六年一月二七日）では、JAEAの担当者が冒頭、再利用の基準を0・01ミリシーベルトに設定した場合、福島県内だけで最大約二二〇〇万立方メートルと推計される汚染土の四割が再利用できないとの試算を提示した。汚染土再利用を進めるなら、0・01ミリシーベルトなど到底守れないとの主張を暗に示していた。

この回から出席していた小野氏がこう切り出した。「今まで放射線の門外漢だったものから見ると説明が難しい。1ミリと0・01ミリをどう説明したらいいのか……。説明の仕方を間違えると、『全部0・01にしろ』と言われかねない。環境行政においては基準や上限は守らないといけないものだ。(戦略)検討会は公開でやるので、一般の方に理解してもらえるよう概念整理をしてほしい」。

実際には1ミリシーベルトが基準なのだが、0・01ミリシーベルトも守っているように見せかけ、「ダブルスタンダード(二重基準)」だと批判されない都合の良い論法を考えてほしいというわけだ。

専門家たちが提言したアイデアは、「口先だけ」としか言いようがないものだった。

油井氏が「努力して10マイクロ(0・01ミリ)にするのはいいんでしょ」と言い出すと、別の専門家委員も「それはよい。10マイクロ以下になることを示すのではなく、想定される被曝が標準的なら10マイクロ以下で安全ですというのはどうか」と賛同した。遵守しなければいけない目標や基準、上限と受け取られないよう、この施策をすれば結果的に10マイクロになると説明する趣旨だった。油井氏もうれしそうに「始めから10マイクロにしばるのではなく、それでは結果論としての10マイクロということで」と応じた。

第二回会合では、管理期間をどう設定するかが本格的に議論された。土木構造物の管理が続いているよう擬制しなければ、理論上クリアランスレベルをはるかに超える汚染土の再利用はできないからだ。

出席者の一人が「もう少し具体的に考えたい。仮に路盤材として再利用したとして、二〇〇年とか三〇〇年とか、何らかの管理をしなければいけないのか」と、明らかに懐疑的な口調で尋ねた。約1万ベクレルの汚染土がクリアランスレベルの100ベクレルに減衰するまでにそのくらいかかるという相場感を持っていたのだろう。「そんなに長い期間『管理』などできるはずがない」。そう指摘したに等しい。

本質を問う質問に対して、「うーん」と、回答に窮するうめき声も漏れた。

WGの委員長を務める北大の佐藤努教授は「管理期間の大体のニュアンスが分からないと記録の保管とか具体的にできないので……。ある程度の管理期間を念頭において要件を決めなければいけない」と、いったんは管理期間を決める意向を示したが、出席者の一人が「三〇〇年とかになると江戸時代だ。市町村が二〇〇年とか残っているのかも（分からない）……」とこぼすと、出席者全員が黙り込んだ。それまで活発だった議論が一気に止み、会場を沈黙が支配した。

「解決策」は、やはり口先だけの姑息なものだった。

油井氏は「この議論をやり出すと終わらなくなる。一〇〇年とか二〇〇年の管理なんてどうみたって不可能という話になってプロジェクト自体がポシャりかねない。あまりこうだと決めないほうがいい」と言い出すと、佐藤氏も「まあ土木の方々に管理期間ってどんな相場感ですかと聞いてから、こっちにまた持って来てもらって議論すればいい」と応じた。この瞬間、解決不能な難題は伏せたままにする方向性が固まった。

「議事録に残さないで」

第三回会合（二〇一六年二月一六日）では、環境省の思惑通り、指定廃棄物に合わせて8000ベクレルを汚染土再利用の上限にする方針が固まった。

その八日後にあった第四回会合は、環境省の小野氏が議論を誘導した発言を議事録から削除した回だ。

前述した通り、JAEAの担当者が冒頭二つの試算を示している。

一つは1ミリシーベルトを基準とした場合に、防潮堤、道路盛り土などの土木構造物ごと、また施工時や供用中、災害後の復旧時ごとに、どの程度の濃度まで再利用をできるかの試算だった。結果は5400～8600ベクレルで、すべての土木構造物とケースで1ミリシーベルトの基準を満たす濃度は5000ベクレルとの結論を示した。

もう一つの試算は、逆に5000や8000ベクレルといった代表的な濃度の汚染土を再利用した場合に、作業員や住民がどの程度被曝するかをはじき出した。その結果もやはり、5000ベクレルであれば作業員が1ミリシーベルト、住民が0・01ミリシーベルト以下に収まるものの、8000ベクレルだと、防潮堤の復旧作業員で最大1・6ミリシーベルトに達するなど、施工時や復旧時の作業員は多くのケースで1ミリシーベルトを上回った。

指定廃棄物の8000ベクレルを汚染土再利用の上限とする青写真を描いていた環境省にとって不都合な試算だった。

JAEAの担当者の説明が終わり、一〇分ほど休憩を取った後、議論の時間に移った。

試算への不満を切り出したのは、やはり小野氏だった。

「今回の評価を見ると、8000で設定すると、作業者の1ミリ（シーベルト）を超えがちというか、そうした場合に1ミリを絶対に超えてはいけないものととらえるのかどうか……。周辺の線量が高いところであれば8000とかのものでも使うのが合理的だと思う。それと数値の体系が合うようにしておかないといけない。そのあたりを議論いただきたい」

小野氏の要望を受けて、専門家委員たちは、1ミリを絶対に超えてはいけない上限値と受け取られないよう、ごまかす論法を検討し始めた。

「非汚染地ではやはり1ミリは『限度』になるのではないか」「『線量基準』というのはどうしましょう。タイトルは線量基準ではなく線量評価でよろしいか。ではタイトルを変えるということで」

だが「論法」や「作文」だけではこの課題をクリアできないと見たのか、小野氏がさらに要求を強める。

「一つ申し上げたい。実質的に福島の高線量地域で使うことを考えたとき、8000（ベクレル）とかだと作業者が1（ミリシーベルト）を微妙に超えたりしている。これをどうするか。帰還困難区域とかで使うのであれば8000でおかしくないのでは。5000だと、それを超えるものが公共事業の残土で出たら、一切再生利用できないと受け取られてしまい、全部中間貯蔵施設に入れないとどうしょうもなくなってしまう」

福島県内の避難指示区域内、それも線量が高いところでしか、どうせ再利用されないのだから、1ミリシーベルトを超えるとしても8000ベクレルを基準にしても構わないではないか、そんな魂胆も見えた。

そして小野氏が決定的な一言を口にした。

「8000までいけますというのが非常に分かりやすいと思う。そこからシナリオ逆算したらいけないいんだけど、議事録に残してもらったら困るんだけど、実質それで問題ないと思う。その考え方自体がいけないというのならあれですが」

8000ベクレルの結論ありきと自ら明らかにしたうえ、議事録に残さないよう求めたのだ。恣意的な「削除」が録音によって裏付けられた。

小野氏の意図をくみ取った専門家委員たちは「二倍に希釈すればいい」「だって、そのぐらいのマス（物量）が来ないと壊れないでしょ」「他の物との混合があって下回るということはある」などと、希釈を二倍にして試算をやり直すようJAEAに求めた。

第五回会合（二〇一六年四月二七日）でも、小野氏が強烈な一言を残していた。

この二週間前、山本太郎参院議員がこのWGを公開するよう国会で求めた。

小野氏は冒頭、「国会でも質問があった。このワーキングそのものの公開、あるいは議事録、議事メモの公開の話も出ている。我々としてはこのワーキングをオフレコにして、もともとオフレコですが。結論は親委員会、公開の委員会で議論されるので、このワーキングは引き続き非公開でと思っている」と切り出した。

そして出席者にこう指示した。

「この議事メモというのもこれまで割と細かく、先生方の名前が入った形で議事録を配布していたが、これはいったん破棄してもらって、将来的に公開ということになっても支障のない形で第一回から第四回までの議事録を改めて作らせてもらいたい。配布資料についても、公開にふさわしくないものは資料一覧に載せずに、席上配布という形で、この場限りの参考のものということで取り扱いを分けさせていただきたい」

驚くべきことに、それまで配っていた議事録素案を棄てるよう求めたのだ。

前述した通り、環境省は二〇一六年八月にホームページ上で「すべての」資料を公表した。しかし、なぜか第四回会合の議事録案だけがなかった。また第六回会合の配布資料にある第五回会合の議事録案は発言者の名前が記されておらず、ごく短い内容だった。不可解な文書の謎を解く発言だった。いとも簡単に歴史を改竄できるのがこの国の現実なのだ。その恐ろしさに思わず体が震えた。

日本のためお国のために我慢しろと言えないといけない

録音を聞いて気になったのは、汚染土、そして被曝を国民に受け入れさせることが国のためになると信じ込んでいるような出席者たちの姿勢だった。環境省の職員だけではない。専門家委員たちも同じだ。

例えば、第六回会合（二〇一六年五月一七日）ではこんなやりとりがあった。放射能濃度の表し方について、出席者の一人がこう発言した。

「8000ベクレル／キログラムってゼロが三つ並ぶけど、8キロベクレル／キログラムとか8ベクレル／グラムとも言える。小数点以下なんか小さく見えるし、それだといいなあと思ったりする」

要は単位を変えることで汚染を低く見せたいと言うのだ。出席者たちから笑いが起こった。別の出席者が悪のりしたように「あるいはこれから使おうか」と応じると、佐藤教授が「今からそうするのはちょっと……。意図的だと言われてしまう」と注意した。だが、それは低く見せたい意図を批判したのではなかった。自分たちの本音が明らかになり、非難されるのを恐れただけだ。

もっとあからさまだったのが、第二回会合（二〇一六年一月二七日）における、汚染土再利用を進める理由、つまり正当化する理屈を検討したやりとりだ。

油井氏が「少なくとも中間貯蔵プロジェクトが進まないと除染が進まない。中間貯蔵を進めるには減容再生利用が必要になる。それが進めば除染が進むわけだから、これをやることでかなりの便益があると最初に書くべきだ」と強い調子で訴えると、小野氏は少し困った様子で、「正当化というのは外に出すときは非常に微妙な問題。ざっくばらんにいうと、福島だと除染してメリットがあるんだから、少しぐらい高くてもいいじゃないかと。ただ、それ以外は別に除染しているわけじゃないから、これをストレートに言うと反発を受ける気がする」とためらった。

再利用を進めたいのは小野氏も同じだ。ただ非難されるのが嫌なのだ。

それでも油井氏は納得せず、「全国的な問題なんだから伝えるべきだ。福島の問題に矮小化してしまうから進まない。福島が復興することで我が国がハッピーになるんだという言い方が分かりやすい」と、ボルテージを上げた。

佐藤教授が「まあ、言うならば我が国全体の便益になるということで。小野さんの言う通り、表に出る文書なので」ととりなすと、小野氏もこう賛同した。「まあ、我々みたいに作文の得意な人はみんなそう思う。まあ総論に反対する人はいない。問題は各論。自分のところに(汚染土が)来たときに、日本のためお国のために我慢しろと言えないといけない」

非公開会合の録音を聞いても、汚染土の再利用を進めなければならない理由はまったく見えなかった。中間貯蔵施設で最長三〇年間保管した後に県外で最終処分する、という「筋書き」

はフィクションでしかなく、実際には最初からなかったように汚染土をどこかで処分しようというのだ。そんなモラルの欠如した政策が支持されるはずもない。

ここまで取材してきて、恐ろしい疑問にぶち当たった。彼らが守りたいものはいったい何なのだろうかと。

第五章

誰のため、何のための除染だったのか

2015年福島県富岡町。 除染作業員　撮影／中筋純

何のための除染――作業員たちの回想

実際に除染作業を担った男たちはどう感じていたのだろう。二人の元作業員が明かした感想は実に興味深いものだった。

池田実さん（当時六五歳）は元々郵便局員をしていたが、定年二年後の二〇一四年から除染と福島第一原発の収束作業の現場に飛び込んだ。二年に及ぶ作業員体験は『福島原発作業員の記』（二〇一六年、八月書館）として出版されている。

東京都内にある小田急線の駅で待ち合わせ、近くにある閑静な住宅街の喫茶店で話を聞かせてもらった。浅黒く日に焼けた顔と、引き締まった体つきは、とても六〇代半ばには見えない若々しさだった。

池田さんは原発事故の現場を見たいと思い立ち、二〇一三年五月から都内のハローワークに通い始め、約五カ月後に除染作業員として採用された。年齢もあって採用されないかもしれないと不安を抱いていただけに、採用が決まってうれしかったという。

事前の面接もなく、採用された男たちは、出身が沖縄から東北まで、年齢も二〇代から六〇代までさまざまだった。暴力団との付き合いをひけらかす男や、「銀行口座を開けないから」と給料を現金で受け取る男もいたという。

池田さんは二〇一四年二月から約三カ月間、浪江町内を東西に流れる請戸《うけど》川の河川敷で除染作業にあたった。

事故後伸び放題になっていた雑草や草木を刈り取り、熊手のような工具でかき集めてフレコンバッグに詰め込むのが主な作業だった。

除染と収束の両作業を経験して、最も違いを感じたのが被曝管理の在り方だったという。「はっきり言って除染は杜撰」と言い切った。除染では作業開始時に個人線量計のスイッチを入れ忘れ、書類に適当な数字を書き込んでもとがめられなかったという。

数値が低いからではない。池田さんによると、請戸川の上流地域は浪江町の中でも線量が高く、毎時20マイクロシーベルトを超える場所も珍しくなかったという。確かに池田さんの放射線管理手帳を見ると、二〇一四年三月の一カ月間で0・44ミリシーベルトと記録されている。作業中だけで年間5ミリシーベルトにあたる被曝線量だ。仮に管理が杜撰としても、かなりの被曝をしたのは間違いなさそうだ。

それにしても、周囲に放射能が残る土地で生活していれば、作業中だけ被曝線量を測る意味は見出《みいだ》せない。線量管理が杜撰になるのも仕方ないのかもしれない。

「何のためにこんなことをしているのだろう」

池田さんは請戸川の土手で除染作業している間、そう考え続けていたという。

池田さんが除染作業にあたったのは、長かった冬が終わり、土の中に潜っていた植物が地表に芽を出し、一斉に花を咲かせる時期だった。

成長しつつある草花を刈り取り、土の中にいる昆虫もお構いなくフレコンバッグに詰め込んでいく。しかし、避難した人が戻ってくるかは分からないし、仮に戻っても事故前と同じ生活を送れるはずもない。

池田さんが泊まっていた宿舎は、避難指示区域外にあって地元住民と避難者が混在する南相馬市原町区内にあった。地元の人々が除染に抱く複雑な感情にも接した。

その日の仕事を終えると夜の街に出る。除染作業員として働いているのを告げると、「それはそれはご苦労様です」と、深く頭を下げられ感謝される一方、「除染なんてやっても意味ないよ」と、冷たく言われて驚くこともあった。

それにしても、よく実名を出して取材に応じてくれたものだ。怖くないのだろうか。そう尋ねると、どちらが新聞記者か分からないような真っ当な答えが返ってきた。

「まあ、もう定年で、現場には戻らないし、名前出さないと信憑性《しんぴようせい》がないでしょ。今のところ危険な目には遭ってないよ。むしろ、ちゃんとしゃべる人がいないから、かえって『治外法権』みたいに扱われちゃうんじゃないかな」


福井県出身の男性（当時三九歳）も、原発事故の現場を見たいと、二〇一三年春に除染現場に飛び込んだ。原発構内での収束作業ではなく、除染を選んだ理由を尋ねると、「収束は漫画やツイッターで発信している人もいたけど、除染はいなかったから」と笑った。

除染に対する先入観はなかったが、その杜撰ぶりにはたびたび驚かされたという。

まず驚いたのは、作業員を募集していた会社と、直接契約した会社が違ったことだ。また採用が決まってから、福島に行って作業に入るまで約一カ月も待たされた。

会社ははっきり理由を言わなかったが、仕事が取れる前から作業員を確保していたようだ。

さらに、男性がいわき市内にあった作業員宿舎に着くと、食費と寮費で一日あたり三〇〇〇円を天引きされ、一日の手取りがわずか六〇〇〇円だと分かった。

除染は土建工事と同様、大手ゼネコンが元請けとなり、複数のサブコン（関西では「名義人」

などとも言う）が下請けに入る。実際に人を雇う地元企業などはさらにその下で、いわゆる「多層請負」の構造になっている。理不尽な天引きなどこの業界ではありふれたエピソードかもしれないが、初めて経験する労働者にとってはショックだったろう。

男性が除染作業にあたったのは阿武隈高地の真ん中に位置する川内村だった。いわき市から北に約四〇キロの道のりを、毎日自家用車で七〇～八〇分ほどかけて通った。

国は二〇一四年一〇月、川内村の大半の地域で避難指示を解除した。男性が除染に従事していた二〇一三年春ごろは、まだ避難指示が出ていたころで、区域内での宿泊は認められていなかった。

除染の対象範囲は基本的に宅地と農地のみだ。山林は宅地など生活環境から二〇メートルの周縁部に限り除染する。だが川内村はほぼ全域が山林のため、結局のところ、山林での作業が大半を占めたという。

契約と同じように作業も杜撰だったという。男性が主に従事したのは、大きなちりとりのような器具で落ち葉と腐葉土をかき集める作業だった。

刈り取った草木を川に流すなどの「手抜き除染」が横行していると、「朝日新聞」が大々的に報じたのは二〇一三年一月のことだ。報道は大きな反響を呼び、環境省はその後、作業の適正化に取り組んだはずだった。だが、現場では特段大きな変化はなかったという。

男性は「刈り取った草木を片付けるのが面倒なので、山側に寄せるなんてよくあった話。誰も気づかないし大丈夫」と振り返る。

杜撰な作業が絶えない理由は何か。

「そもそもどこまでやればよいのか決まっていないから。上からの指示もころころ変わった。最初は木の根が見えるまで表土をはいで、根も切るよう言われていたのに、途中からは厚さ五センチ程度、根が見えるまででよくなった」

そして、池田さんと同様に男性が指摘したのが、杜撰な被曝管理だった。

「大体一カ月ごとにまとめるけど、作業員の出入りも激しいし、把握しきれないから適当な数字を書くこともよくあった。上の会社から危険手当をもらうために、その日現場に出ていないのに出ていることにしているなんてこともあった」

「除染は必要だったと思うか」。最後にそう尋ねると、明快な答えが返ってきた。

「今考えるとしなくてよかったと思う。だって放射能は自然に減衰する。何もしなくても線量が下がって、被曝する人がいないっていうなら、そのほうがいい。住民を避難させて放っておけばいい。除染すれば作業員は被曝するし、廃棄物も出る。しかも廃棄物を建設資材に使うとか言っているんでしょ。いったい何をしているのって思う」

「一刻も早い福島復興を」「避難者が戻れるよう除染を」。そんな声にかき消されるように、除染の必要性を否定する論説は皆無と言ってよかった。だが、ここまで取材を重ね、男性の「暴論」を否定できずにいた。

実態とかけ離れた復興のファンタジー

「当初描いた通りなんかうまくいっていないでしょ。まあ描いた当時もうまくいくとは思っていなかったでしょうけど。あたかも除染で放射性物質を取り去れるように思わせたのがよくなかった」

二〇一六年四月、除染の制度設計にも関わった大学教授の研究室を訪ねた。

除染が本格的に始まってから四年が過ぎ、国はあと一年ほどで作業に区切りをつけるとしていた一方、仮置き場に残されたまま運び出す見込みすら立たない膨大な汚染土の山に不満が高まっていた。

「まあ、持っていかなくても済むような話も出てるよね。ほら再利用の話。だってわざわざ中間貯蔵施設に持っていって分けるくらいなら、そんなことしないほうがましって話になる。結局のところ、中間貯蔵施設に持っていく量を減らしたいんでしょ。本格輸送を始めるって言っているけど、オリンピック（二〇二〇年東京五輪）の年になって輸送量が増えるような計算は明らかに変だよね」

汚染土を中間貯蔵施設に持っていかずに、そのまま再利用に回す可能性を指摘した。それならなぜ除染したのか。土を掘って動かしただけではないか。

「まあ、そうなんだけどね。生活する空間の線量を下げることには一定程度寄与したということで……」

それなら、なぜ住民を避難させた地域の除染も並行して進めたのか。線量が高い事故初期に、避難指示を出さなかった地域を集中して除染すべきだったのではないのか。

「その通りだ。事故直後にスピーディにやる予定だった。そこに住み続けている人の被曝線量を下げるなら早くやらないと意味がなかった。まあ、確かに避難させたところじゃなくて、人が住み続けているところを優先すべきだったよね」

最後に彼は言った。筆者にこの問題を取材させたくないからなのか、それとも親切心からなのか、真意はよく分からない。

福島県飯舘村

「何か行政や官僚が悪巧みをしているっていうなら、あなたも書《か》き甲斐《がい》があるんだろうけど、そうじゃないよ。とんでもないことをしているというよりも、何もできずにいる悪さっていうのかね」

当たり前のことだが、中間貯蔵施設への搬出が遅れるほど、仮置き場での現地保管が長引いていく。

二〇一七年二月一五日、飯舘村に残した実家に向かう酒井政秋さん（当時三九歳）に同行させてもらった。酒井さんは事故後、家族と共に伊達市内の仮設住宅に避難し、一年ほど前に福島市内に住宅を購入して移り住んだ。「賠償で家を買えてよかったね」。悪意はないと思うが、そんな言葉を掛けられると心が傷つく。「いつかは帰りたい」との思いは変わらず、故郷を捨てるつもりなどないからだ。

国は二〇一七年三月末でひとまず面的な除染を終え、帰

緑色のカバーで覆われた汚染土の山（飯舘村）

還困難区域を除いて避難指示を解除する。その一方、避難先で新たに住宅を買って移り住んだ場合は賠償金を上乗せしてきた。つまり、とにかく早く「避難」を終えるよう急かしてきた。もう故郷のことなど考えるな、と言わんばかりに。

福島市から飯舘村に向かう山道を走る車中、酒井さんは家族の事情を明かしてくれた。

八六歳になる酒井さんの祖母は、新居での生活に慣れずに体調を崩し、今も知り合いたちが住む仮設住宅にしばしば戻るのだという。「うちの祖母だけじゃない。新居に移った人たちはみんな仮設が恋しくなっちゃうみたいで。だから仮設の部屋は今も借りたままにしています」

酒井さんの実家は村の中心部から少し南に下

飯舘村に残してあった実家に向かう酒井政秋さん（2017年2月15日）

った小宮地区にあった。この辺りは「居住制限区域」に指定されており、少し南下すると「帰還困難区域」の長泥地区に入る。

阿武隈高地の山裾に点在する平地は元々、その多くが水田だったという。それを埋め尽くすように、今は汚染土の入ったフレコンバッグが積み上げられている。酒井さんは「朝起きてあれを見ないといけないのは嫌ですよね」とつぶやいた後、「でも、この事故を可視化する意味ではあれがあったほうがいいのかも」と言い直した。

細い山道に入ってしばらくすると、小川の流れるわずかに開けた土地に出た。そこにポツンと佇《たたず》む二階建ての木造家屋が酒井さんの実家だった。築約六〇年で風呂やトイレは別棟という

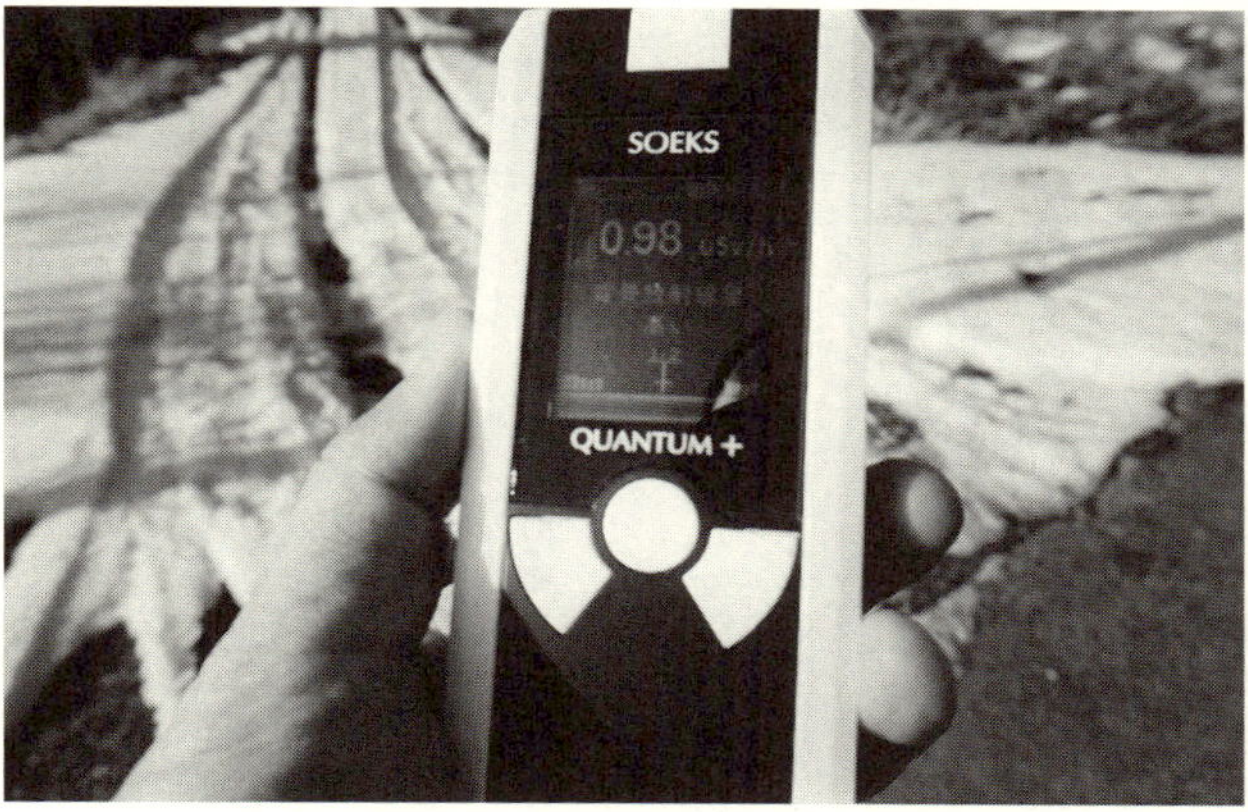

雪に覆われる中でも毎時0.98マイクロシーベルト（2017年2月15日）

昔ながらの農家だ。車を降りると、ひざ下まで雪で埋まった

持参した線量計で測ると、毎時約1マイクロシーベルト。年間では5ミリシーベルト超になる計算だ。それでも「今日は雪があるから低い」のだという。

人気がなく、小川のせせらぎと鳥のさえずりだけが聞こえる。この時点では避難指示が解除されておらず、周囲に人は住んでいないのだから当然だったが、酒井さんによると、周辺に住んでいた十数世帯のうち、戻ると言っているのは一世帯だけで、ほかはすでに移住を決めたという。

酒井さんの実家も五月に取り壊すことが決まっていた。室内はカビとネズミのフンで臭いがひどく、床板もボコボコのため、そのまま住むのは難しい。人が住まない住宅は想像を超える速度で劣化していく。

それでも酒井さんは取り壊したいとは考えていなかった。しかし、国が解体費用を負担する期限が迫っており、それを過ぎれば自己負担せざるを得なくなるため諦めるしかなかったのだ。

「飯舘に帰りたくないわけじゃない。でも『今決めろ』と言われれば、帰れないと言うしかない」

県や村は「早く戻って復興しよう」と呼びかける。だが、それが真意かは疑わしい。小宮地区に隣接する蕨平《わらびだいら》地区には、環境省が汚染土や焼却灰から放射性物質を分離・濃縮する新技術の実験炉を設置した。なぜ除染して放射性物質を取り去ったはずの地域にこんなものを造るのか理解できない。実態とかけ離れた復興のファンタジーだけが流布されていく。

運び出すめどすら立たない

除染で発生する汚染土について、環境省はその発生量を福島県内で最大二二〇〇万立方メートルと見込んでいた。東京ドーム（約一二四万立方メートル）約一八杯分となるが、あまりに膨大すぎて具体的にイメージできない。

この汚染土を運び込み、最長三〇年間にわたり保管するのが、東京電力福島第一原発を囲むように、環境省が建設を進めている中間貯蔵施設だった。

中間貯蔵施設をめぐる経緯をごく簡単に振り返りたい。「中間貯蔵施設」の構想が公式に初めて出たのは、二〇一一年八月二七日のことだ。辞任直前の菅直人《かんなおと》首相が福島県庁を訪れ、佐藤雄平知事に要請した。

二〇一二年一〇月二四日付の「毎日新聞」によると、菅首相からの設置要請に対して、佐藤知事は「突然の話じゃないですか。困惑している」と抗議したが、その手元にはシナリオを記したとみられるメモがあったという。

中間貯蔵施設は、汚染が激しく帰還が難しい福島第一原発の周辺に建設される。多くの人が最初からそう予想していた。言葉は悪いが、「出来レース」だったのだろう。

しかし「いつか住み慣れた故郷に帰る」と誓う避難者たちの思いに水を差さないようにするためか、政府は最初「県内」と言うだけで、具体的な予定地を示さなかった。そして、福島県も建設を受け入れる姿勢を公式には示していなかった。

最も大事な点を棚上げしたまま、環境省は二〇一一年一〇月、除染から中間貯蔵、そして最終処分までの大まかな工程をまとめた「中間貯蔵施設等の基本的考え方」を発表する。仮置き場への本格搬入から三年をめどに中間貯蔵施設の供用を始め、その後三〇年以内に県外での最終処分を完了すると明記した。具体的なスケジュールを初めて示したのだ。

そして国は徐々に候補地を絞っていく。同年一二月二八日、福島第一原発のある双葉郡内への設置を要請。明けて二〇一二年三月一〇日には同原発のある双葉町と大熊町、それと第二原発のある楢葉町への設置を提案し、同年八月には三町一二カ所の候補地を提示した。

これに対して、福島県の佐藤雄平知事は同年一一月二八日に現地調査の受け入れを表明する。すでに建設自体を受け入れたようにも見えるが、「建設受け入れと同一ではない」として、この時点では現地調査のみを受け入れた格好になっている。

二〇一二年一二月の衆院選で民主党から自公に政権が戻ったが、こと事故の処理に関しては政策の変更はなかったと言ってよい。自公が二〇一三年七月の参院選で勝利し、衆参で多数派が異なる「ねじれ」状態を解消すると、とにかく早く避難を終わらせ、形ばかりの事故処理を急ぐブルドーザーにエンジンがかかる。これが政府・与党の言う「復興の加速化」の正体だ。その中核となったのが中間貯蔵施設だった。

政府は二〇一三年一二月、年間20ミリシーベルトを下回る地域の避難指示解除を進める一方、帰還困難区域からの避難者が移住用の住宅を購入した場合に賠償金を上乗せする「住居確保損害の賠償」を導入する方針を示した。要は帰還を諦めるよう求めたのだ。

こうして中間貯蔵施設を福島第一原発のある双葉、大熊両町に設置する「外堀」が埋まった。石原伸晃環境相は二〇一四年三月一四日、候補地から楢葉町を除外し、双葉、大熊両町に絞る方針を示した。石原環境相が「最後は金目」という歴史に残る失言を発したのは同年六月一六日のことだった。だが失言とは往々にして本音であり、本質でもある。国が同年八月八日、県と双葉、大熊町などに総額三〇一〇億円の交付金を拠出する方針を示すと、佐藤知事と両町長は三〇日には建設を受け入れる方針を正式に表明した。

環境省は二〇一五年三月一三日、大熊町の予定地（約一六〇〇ヘクタール）内の一部企業から土地を借り受けて整備したわずか六ヘクタールの仮置き場に汚染土の搬入を始めた。

そこからは用地確保、つまり土地の買収と、汚染土の搬入を並行して進めている。

だが、いずれもそう簡単には進まない。その土地に住んでいない約二四〇〇人もの地権者に連絡を取り、明け渡すよう説得しなければならない。二〇一八年九月末現在、国は民有地の約八〇パーセントを確保した。

もっと厄介なのは、福島県内に点在する仮置き場から中間貯蔵施設への汚染土搬送だった。自動的に運ぶベルトコンベアなど当然ない。一〇トンのダンプカーに詰めるフレコンバッグはせいぜい五～六個に過ぎない。本当にすべて運び込むのであれば、気の遠くなるような回数の輸送が必要になる。

二〇一五年三月から二〇一八年一〇月初めまでに運び込まれたのは約一三六万立方メートル。最大二二〇〇万立方メートルと推定される発生量のわずか六・二パーセントに過ぎない。

環境省が二〇一六年三月に発表した「中間貯蔵施設に係る『当面5年間の見通し』」では、東京オリンピック・パラリンピックを開催する二〇二〇年度までに五〇〇万～一二五〇万立方メートル程度の汚染土を中間貯蔵施設に搬入できるとしている。これは福島県の浜通りと中通りを結ぶ相馬福島道路、通称「復興道路」の開通など、交通環境の整備が進むことを見込んだ楽観的な数字だ。そして、国は今もって全量を搬送するめどすら示していない。

中間貯蔵施設予定地の地権者たち

中間貯蔵施設の予定地内に土地を持つ地権者たちで作る会の存在を知ったのは二〇一六年五月のことだった。

一橋大学で開かれた原発事故のシンポジウムにパネリストとして参加した際、会の事務局長である門馬好春さん（当時五九歳）から声を掛けられた。

名刺には「30年中間貯蔵施設地権者会（30年地権者会）」とあった。三〇年というのは、中間貯蔵施設で汚染土を保管する最長期間を指す。あえて会の名前に入れたことに深い意味がありそうだ。

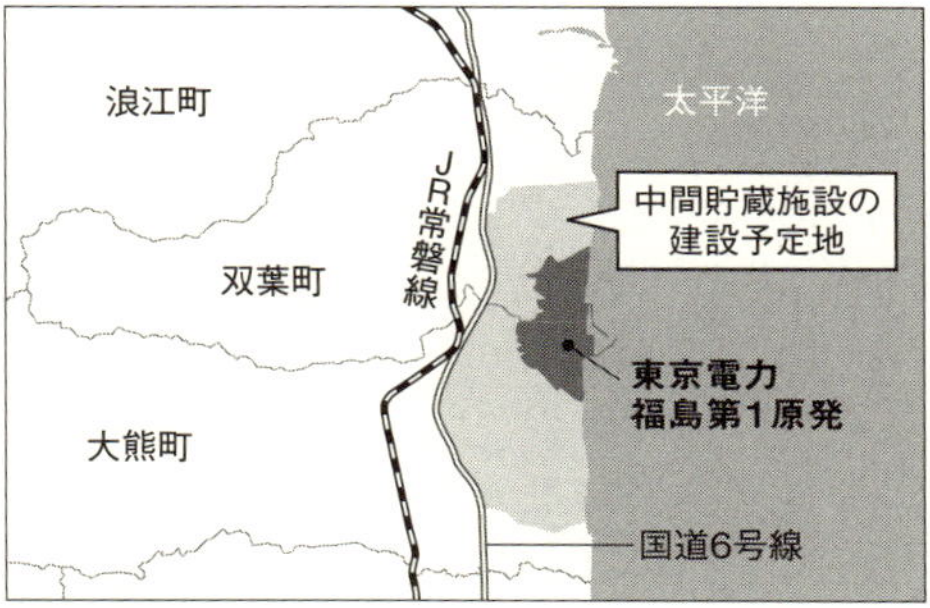

中間貯蔵施設の建設予定地

30年地権者会は二〇一四年一二月に結成され、大熊、双葉両町の建設予定地内に土地を持つ約一〇〇人がメンバーだという。

30年地権者会は、建設自体を否定するのではなく、三〇年後にまだどこか決まっていない県外の最終処分場に汚染土が搬出された後、故郷の土地がまた戻るよう国と交渉するのが目的だった。

確かに最初から「断固拒否」では、環境省を交渉の席に引き出すこともできず、説明責任を果たすよう迫ることは難しい。また、「あの人たちが受け入れを拒否しているから悪い」と、仮置き場からの早期搬出を求める人々から筋違いな反発を招く恐れもある。

それなら環境省と良好な関係なのか。そう尋ねると、門馬さんは少々呆れた様子で答えた。

「私たちと環境省との交渉を取材してほしい。いかに環境省がウソと隠蔽ばかりか分かる。そもそも最初は契約書の原案すら私たちに示さなかった」

少々難しい話になるが、中間貯蔵施設の用地確保について法律的に説明したい。

予定地約一六〇〇ヘクタールは福島第一原発に隣接しており、その全域が帰還困難区域にある。原発事故の賠償制度において、帰還困難区域は「全損」扱いだ。もう使えない土地なのだから、一般的には賠償金と引き換えに所有権が東京電力に移るはずだが、今回は移らないルールになっている。

そのため、中間貯蔵施設を造るにあたり、賠償ではなく公共工事の用地補償という形で、国が改めて買収する必要が生じた。

さらに事態を複雑にしたのが、最長三〇年という期限付きの保管であって、最終処分場ではないとする中間貯蔵施設の「建前」だった。

ダムをイメージすると分かりやすいが、半永久的な使用を前提とした公共工事の場合、地権者から土地を借りるのは現実的ではない。時に人間の寿命を超える長期間の使用になるうえ、一度水底に沈んだ土地を原状回復して返すというのは現実的にありえないからだ。

だが、環境省は二〇一四年七月、土地の所有権を残したまま使用する「地上権」の設定を認め、その場合には買い取り価格の七割を地代として支払う方針を表明した。「保管は最長三〇年間に限られ、県外で最終処分する」とする建前との整合性を保つために地上権の設定を認めたのは明らかで、「自縄自縛」と言うほかない。

環境省が二〇一一年一〇月に「最長三〇年間」と発表した保管期間は、二〇一四年一一月に成立した改正「中間貯蔵・環境安全事業株式会社法」で法定化された。この法律は元々、同省が所管するPCBなど有害物質の広域処理を担う特殊会社「日本環境安全事業株式会社（JESCO）」の設置法だ。

改正法は、「最終処分が行われるまでの間、福島県内除去土壌等について福島県（環境省令で定める区域に限る。）内において除去土壌等処理基準に従って行われる保管又は処分をいう」と中間貯蔵を定義づけている。

「最終処分が行われるまでの間（中略）保管又は処分をいう」というのは、矛盾しているようにも読める。だが今にして考えれば、県外で最終処分する量を減らそうと、汚染土の再利用を進めている現状と整合している。それなら「最終処分」と「処分」は違うのか。そう尋ねても真摯な答えは返ってこないだろう。

ところで最長三〇年とされる保管期間の起算点と期限はいつなのだろう。同法にはなぜか記載がない。調べてみると、国会審議の中に答えを見つけた。

本格搬入が始まった二〇一五年三月一三日が起算点であり、それからちょうど三〇年の二〇四五年三月一二日が期限となる。なぜ法律に書き込まなかったのか、理由は分からない。

なぜ契約書に書けないのか

30年地権者会はいわき市内で会議室を借り、二～三カ月に一回ほどのペースで環境省との交渉を続けていた。筆者は二〇一六年六月五日にあった交渉から取材に訪れ、二〇一七年二月二〇日まで計六回立ち会った。

交渉は一回で三～四時間に及ぶ激しいもので、メディアにも公開していた。「非公開の場で話し合えば、環境省がどんなウソをつくか分からないから」（門馬事務局長）という。

環境省から出席していたのは、本省の担当参事官と福島環境再生事務所長ら約一〇人。参事官は課長級の中堅幹部で、その多くがキャリア官僚だ。そんなエリートが交渉に来ているとは

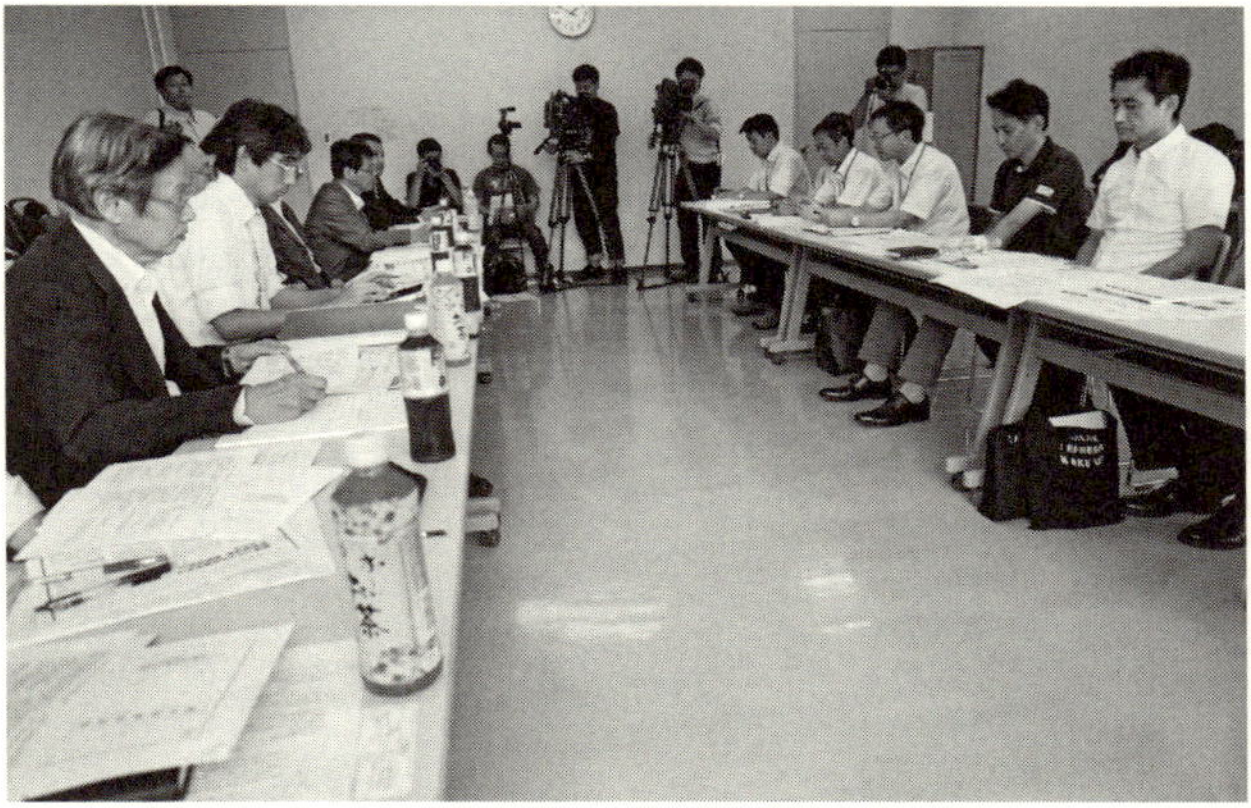

30年中間貯蔵施設地権者会と環境省の交渉（2016年9月15日）

知らず、かなり驚いた。

このチームを率いる西村治彦参事官は当時四五歳。エリート然とした風貌で、長い交渉の間もほとんど表情を崩さず、厳しい追及も冷静に切り返す姿が印象的だった。

初めて交渉を取材した際、テーブルの上にはすでに契約書の素案があった。ここまで進んでいるのであれば妥結も近いのかと感じたが、それは早合点だった。よく見ると、30年地権者会と環境省側がそれぞれ提案を書き込んでおり、双方の主張には大きな開きがあった。

争点は、土地価格の算定方法、地上権と賃貸、搬入する物質——など多岐にわたっていた。だが、つまるところ、三〇年で土地が返ってくると信じられる「担保」をどう設定するかに尽きるように思えた。

30年地権者会は、このまま環境省に土地を明け渡せばもう戻ってこないのではないかと危惧していた。諦めにつけ込んで土地を返さず、いずれ汚染土だけではなく、使用済み核燃料なども持ち込むのではないかと恐れていた。


「三〇年後に必ず返すと契約書に書いてほしい」

30年地権者会は再三再四にわたり、二〇四五年三月一二日までに汚染土を搬出し、原状回復して返還するよう確約を求めた。

しかし環境省は応じようとしなかった。「JESCO法に書いてあるから」というのがその理由だが、契約書に書いてはいけない理由にはならない。

代わって環境省が提案したのは、「撤去や原状回復については三〇年後に改めて協議する」との文言だった。だが、これでは何も縛っていないに等しく、30年地権者会が受け入れられるはずもない。

30年地権者会が詳細を詰めれば詰めるほど、中間貯蔵施設の抱える根本的な矛盾が明らかになっていった。

二〇一六年七月二五日の交渉では「原状回復」の定義をめぐって激論が交わされた。

「先祖伝来の土地を守るために地上権を選んだのに、返ってきたら汚染したまったく別の土地というのでは意味がない」

「そもそも中間貯蔵施設はおろか、帰還困難区域は除染するかもはっきりしないのはおかしい」

30年地権者会は事故前の状態を原状と考え、汚染を取り除いて返すまでが原状回復だと主張した。これに対して、環境省の担当者は「原状は汚染のない状態とは言っていない。汚染に対する賠償は東電が既にしている」と反論した。

賠償責任を負うのは東電だけで、国は加害者ではないというのが、この事故処理の建前だ。その建前を前提に考えれば、確かに環境省の言う通りだろう。だが、それなら事故が起きなければ必要ないはずの中間貯蔵施設をなぜ国が整備するのか説明がつかない。

二〇一六年九月一五日の交渉では、三〇年以内での撤去と県外での最終処分をめぐって、環境省が本音をのぞかせる場面があった。

30年地権者会側が撤去できなかった場合の違約金の支払いを契約書に書き込むよう求めたのに対して、環境省の若い担当者は「法律を破る前提では書けない」と押し返した。

これに対して、門馬事務局長が「それなら一〇〇パーセント達成できると言えるのか。できないと言うなら書き込むしかない」と迫ると、担当者は「達成可能かと言われれば、努力するしかない……」とこぼした。もちろん彼も三〇年後にどうなるか明確に分かっているわけではあるまい。それでも撤去がいかに困難かは認識しているのだ。

だが、いくら追い詰めても、官僚には逃げ込む道がある。彼らは理屈で言い返せないとき、必ずと言ってよいほど「政治」を持ち出す。環境省の担当者たちも同じだ。彼らは答えに窮すると必ずこう口にした。「これは県や町と合意したことだから」

二〇一七年二月二〇日の交渉で、門馬幸治会長はいら立ちをあらわに「交渉を始めて二年が過ぎたが、ほとんど進んでいない。ちゃんと環境大臣に報告しているのか」と迫った。

西村参事官はこの日、風邪を引いたのかマスクを着け、いかにも体調が悪そうだった。それが理由かは分からないが、珍しく感情的に言い返した。

「この二年間で多くの修正、改善をしてきている。大臣や副大臣とのやりとりは記者の前で明らかにできない。発言には慎重にならざるを得ない。こういう場を設けているのだから、しゃべれる限りのことはしゃべっているつもりだ」

これに対して、門馬事務局長が「マスコミの前だから慎重にならざるを得ないというなら、忌憚のない話ができる場を設けることも考えようか」と提案した。おそらく本音ではなかった。環境省がどこまで誠実なのか試したのだ。

西村参事官はこの提案に飛びついた。

「前々からこのように話しているが、私も根はざっくばらんな関西人。次回交渉からそうさせてほしい」

メディアの締め出しに応じたことに対して、30年地権者会のメンバーが一斉に憤った。「何と汚い。やはりそれが本音だったのか」

西村氏も負けじと言い返す。「汚いとは失礼だ。撤回しろ」

この日も交渉はほとんど進まなかった。なぜ三〇年後に撤去する約束を契約書に書き込めないのか、最後まで理由は分からなかった。ここからは想像するしかない。契約を守れない、つまり撤去などできないと認識しているからではないのか。それ以外に思い浮かばない。

中間貯蔵施設とは何か

筆者は二〇一七年に入り、ある元国会議員の男性に取材を重ねた。男性は民主党政権下で除染の制度設計に深く関わった。この国の政府はなぜ、この政策を選んだのか、そしてどこまで先を見通していたのか、率直に問い質した。

セシウムなどの放射性物質で汚染された表土をはぐ「除染」と、発生した膨大な汚染土を運び入れる「中間貯蔵施設」は、住民の被曝対策、そして事故処理の「要」だ。

結果はどうだったか。事故発生直後の被曝を軽減するのが除染の目的だったはずなのに、作業が遅れに遅れたうえ、被災者の体感効果も乏しく、安心感や満足より「思ったほど下がらない」「ホットスポットが残っている」などの不満ばかりが聞こえる。

除染作業だけで二兆六二五〇億円を費やしたにもかかわらず、被災者の満足や安心すら得られなかったことから、「今世紀最悪の公共事業」と批判する声もある。

筆者も「最悪」との評価には同意する。だが、その理由は費用対効果ではない。為政者からすれば、この原発事故と放射能汚染を「終わったこと」「なかったこと」にする所期の目的は達成したと思うからだ。

この元国会議員には二〇一二年末に別件で二回ほど取材したことがあり、四年ぶりに顔を合わせた。

二〇一七年に入ってすぐ、東京・神田の喫茶店で落ち合うと、「最近は何を取材しているのか?」と聞かれた。最近は除染を取材していると告げると、すぐに取材の趣旨を察したようだ。

先回りするかのような答えが返ってきた。

「いつかは聞かれると思っていた。みんな口をつぐんでいるけど、記録に残さないといけない」

彼は二〇一一年秋の出来事から語り始めた。菅直人首相が佐藤雄平知事に中間貯蔵施設の県内設置を要請したものの、中間貯蔵施設の具体的な中身は白紙状態だった。

「原発とか病院から出る放射性廃棄物という概念はあったけど、放射性物質が地上に散らばるということはなかった。新ジャンルの放射性廃棄物を入れるごみ捨て場が必要というのは分かっていた」と振り返った。

本格的な除染作業はまだ始まっていなかったが、膨大な量の汚染土が発生し、いずれ置き場所に困ることを環境省も想定していたという。だからこそ、除染が始まる前から中間貯蔵施設の設置を要請したのだ。

「どこかの保育園で除染の実験をしたら大変な量が出た。これは問題になるぞと言われていた。今の想定は福島県内で最大二二〇〇万立方メートルだよね、大体そのぐらいだと当時から言われていた」

そして環境省を始めとする政府内では、ある発言をしないよう徹底が図られたという。「あくまで仮置き場であり、『最終処分場』と言ってはいけないということだ。そう言わないと福島県が受け入れてくれない。だから中間貯蔵施設というネーミングになった」

二〇一一年一〇月に環境省が発表した工程表では、汚染土は中間貯蔵施設に入れた後、三〇年以内に県外処分することになっている。それにしても、なぜ「三〇年」なのか、公表されている文書や報道ではその根拠が見えてこない。放射性物質セシウム１３７の半減期が三〇年だから、という報道もあったが、三〇年経ってもゼロにはならないのだから説得力は乏しい。三〇年という期間は、最終処分を引き受ける場所を見つけるには短すぎる。一方、為政者の責任を担保するには長すぎるのだ。

筆者はこの時、井戸川克隆・前双葉町長の証言を思い返していた。井戸川氏は事故発生直後、町民を連れて埼玉県内に避難した後、国や福島県の関係者たちから中間貯蔵施設を受け入れるようさまざまなアプローチを受けたという。

当時環境相だった細野豪志氏からは「私はまだ四〇代で三〇年後も政治家をやっている。責任を持つ」と説得されたという。だが井戸川氏は「そんな軽々しく言えるようなことじゃない」と憤り、かえって態度を硬化させた。そして最後まで受け入れを拒否し、二〇一三年二月、ついに町長の座を追われた。

話を三〇年の保管期間に戻したい。福島県は年限を明記するよう水面下で強く求めてきた。一方、環境省内では「現実味がない」として消極的な声が多かったという。

元国会議員の男性は「私も年限を区切るのは厳しいと思っていた。仮置き場の三年は何とかなるかもしれないけど、三〇年は難しい。でも中間貯蔵施設を造らないと、（その前段階の）仮置き場がもたない。まあ技術開発で減容化することを前提とした相場感で決まったよね。最後は細野環境相が『三〇年で行こう』と政治的に決めた。三〇年後が怖いよね。誰が処分先を見つけるんだろうね」とこぼした。

彼の話を聞いていて一つの違和感を覚えた。福島県が建設を受け入れたのは二〇一四年だ。まだ建設を受け入れていないのになぜ年限を区切るよう求めたのだろうか。どうにも辻褄《つじつま》が合わない。

「確かに受け入れてもらう前提の話だけど、『受け入れてください』『はい、いいですよ』というのはすぐには無理。そこは世論を見ながら慎重にということだった」

中間貯蔵施設をめぐって水面下で繰り広げられていた環境省と福島県の交渉は、除染の担当局になった環境省水・大気環境局の鷺坂長美《さぎさかおさみ》局長と福島県の内堀雅雄副知事（現・知事）がキーマンだったという。二人とも自治省（現・総務省）出身で、先輩後輩の関係にあった。

二〇一七年二月上旬の早朝、鷺坂氏に直撃取材するため、神奈川県内の自宅を訪れた。鷺坂氏はすでに退官し、民間企業の顧問に就いていた。あらかじめメールで取材を申し入れたが、「現職に聞いてほしい」と断られた。

雪がちらつく中、自宅を出てきた鷺坂氏に「中間貯蔵施設について聞きたいことがある」と声を掛けた。鷺坂氏は特に警戒する様子もなく、「はい、何でしょう」と応じた。仮置き場三年、中間貯蔵施設三〇年の年限を区切った理由を尋ねると、「最初は中間貯蔵という発想はなく、（当時の）政権の上から降りてきた考え方だった。しかし年限を区切らないと『中間貯蔵』にはならないので、県の希望を聞いてやっていた。減容化とか再利用とか、いろいろ技術開発できるんじゃないかという期待もあった」と答え、「裏交渉」の事実をあっさり認めた。

もう一方の当事者にも質問をぶつけた。内堀氏は二〇一四年一〇月の県知事選で初当選し、知事となっていた。

二〇一七年二月一五日にあった定例記者会見に出席し、中間貯蔵施設を正式に受け入れる前から保管期間を区切るよう求めたのか尋ねた。だが、返ってきたのは他人事《ひとごと》としか思えない答えだった。

「副知事時代のことは詳細な記憶を持ち合わせていない。政府として責任を持って対応し、結果を出してもらうことが重要だ」

再び元国会議員の証言に戻る。放射性物質自体を減らすことは困難だ。減容化の技術開発が進展するアテなどあろうはずがない。そう尋ねると、彼も「まあ燃やしてカサ（容量）を減らすぐらいしかないよね。でも土は燃えないからね。だから難しい」と、あっさり認めた。

内堀雅雄福島県知事

ふと思いついた疑問を彼にぶつけた。筆者はこの頃、環境省が進める汚染土の再利用について繰り返し報道していた。もしや二〇一一年当時から再利用のアイデアは持ち上がっていたのではないか。そう尋ねると、彼は「ああ、当時から出ていたよ」とうなずいた。だが当時、計画を口にするのはためらわれていたという。

「全国で使ってもらうのは無理だ。福島でしか使われないだろうと思っていた。でも、絶対にそうは言えない。防潮堤に使うとなると、それが最終処分ってことになるし、『だったら県外に出さないのか』と言われてしまう。再利用自体がタブーというよりも、『福島でしか使われないよね』ってことが言えない。中間貯蔵施設を受け入れてもらえなくなるから」

さらに疑問をぶつけた。環境省が二〇一一年一〇月に出した「中間貯蔵施設等の基本的考え方」では、必要な敷地面積を「約三〇〇〜五〇〇ヘクタール」としている。しかし現在予定地となっているのは、約三〜五倍の約一六〇〇ヘクタールに及ぶ。なぜそこまで予定地を大きく取っているのだろう。

「敷地内に一応、溶融炉とか管理棟とかあるでしょ。あれが大事なんだ。ただのごみ捨て場と言われないようにするためにね。一応減容化しますよと、暫定的な置き場ですよ、というロジック（論理）にできるから。それに溶融炉とか研究所ができていけば、将来的には地元にとって必要な施設ということになる。原子力行政全般にあるフィクション（虚構）だけど、原子力ってこのウソの大きさが面白いよね。面白いって言ってはいけないのかもしれないけど」

ところで、指定廃棄物の基準である8000ベクレルという数字は、事故後の早い段階から汚染廃棄物の大事な目安として浮上している。環境省は二〇一一年六月二三日、汚染廃棄物の焼却灰について、8000ベクレル以下のものは管理型最終処分場での埋め立てが可能であるとの方針を示している。一方で、コンクリートがれきなどの再利用基準は3000ベクレルだ。この整合性は当時どう考えられていたのだろう。

「8000以下は埋め立てても大丈夫、3000以下は再利用しても大丈夫というロジックにした。処理と再利用ですみ分けした。むしろそのほうが整合性が取れている」

土は廃棄物ではなく資源、だから汚染土は処分ではなく再利用するというロジックはフィクションに思える。

「確かにごみなのか資源なのか何度も大激論があった。廃棄物は焼いて減容化もできる。でも土はできない。そもそも呼び方からして難しいよね。『汚染土』って言うわけにもいかないし、『除染土』だと逆にきれいな土ってことになるからだめ。除染して出た土ってことで『除去土壌』って言い方になった」

さらに根本的な疑問をぶつけた。国は避難指示区域内の除染を進め、強引に避難指示を解除した。一方、中間貯蔵施設を建設する双葉、大熊の両町は、大半が事故から六年過ぎても年間

20ミリシーベルトを下回ることのない帰還困難区域として「全損」扱いで賠償するにもかかわらず、二〇一三年一二月までは「帰る」前提だった。だが除染をほとんどしていなかったうえ、中間貯蔵施設までも押しつけるというのだからすべて辻褄が合わない、いやだましたようにしか見えない、そう尋ねると、彼も深くうなずいた。

「その通りだ。要は戻るから除染するってことなんだけど、一方で賠償も支払うんだから明らかに矛盾している。チェルノブイリでは除染していないのにね。それにしても除染と中間貯蔵って難しい話だよ。国会議員でも分かっている人は少ないんじゃないかな。だから事務方が言うことに政治家も従わざるを得ない。しかも、こっち側で関わっている人たちが誰一人として本当のことを話さないんだから、国民は何も分からないよね」

第六章

指定廃棄物の行方

2015年福島県浪江町　撮影／中筋純

見えない処分の実態

二〇一七年四月、水戸支局次長に異動となり、五年間に及んだ原発事故の調査報道に一区切りをつけることになった。ルーティンワークとほとんど無縁で、「特ダネ」だけを狙って駆け回っていた記者生活は一変した。

全国紙の県庁所在地にある支局の多くは、支局長と次長の下、大学を出て配属された若い支局員と、主にベテラン記者がいる通信部で構成されている。

支局長は主に販売店や自治体、企業などとの対外交渉のほか、経費や人事などの管理業務を担い、次長は日々製作する地域版（いわゆる県版）や、一面や社会面など本紙への出稿作業、つまりはデスクワークを担っている。

全国紙の地域版は、平日組みが見開き二ページ、休日組みが一ページある。月一回の休刊日を除いて、それを日々埋めなければいけない。次長は一日中机にかじりついている文字通りの「デスク」だ。

手がける原稿の中身も一変した。この五年間はほぼ原発事故だけを追ってきた。しかし次長の仕事は県内のニュースすべてが対象だ。高校野球やラグビーなどのスポーツから、市長選や市議選、衆院選などの選挙、事件・事故まで、県内のありとあらゆるニュースを手がける。極端に言えば、自らのテーマなど関係ない。もちろん自ら原発事故について取材するなど到底難しい。

それでも茨城県は太平洋岸で福島県の南隣に位置しており、原発事故による被災地でもある。一九市町村で除染作業が実施され、汚染廃棄物もまだ残されたままだ。たとえ自ら取材できなくとも、事故に関心を持つ支局の記者に取材してもらい、自らの持つノウハウを加えることで報道できないかと考えた。

特別報道グループにいた二〇一六年度、除染だけでなく汚染廃棄物の取材も進めていた。本書でも繰り返し書いてきた通り、国が事故後に定めた「放射性物質汚染対処特別措置法」では、汚染廃棄物の安全基準を1キログラムあたり8000ベクレルとした。これは福島県内の避難指示区域を除き、8000ベクレルを超えるものは「指定廃棄物」として国が処分するが、下回るものは通常の廃棄物と同様、一般廃棄物なら市町村が、産業廃棄物なら事業者が処分する枠組みだ。

だが、8000ベクレル以下でも汚染の事実に変わりはないのだから、これは汚染を「なかったこと」にして、受忍するよう求めているに等しい。

そのため8000ベクレルより低い数値、例えば4000ベクレルや2000ベクレルなどの独自基準を設け、これを超える焼却灰などの廃棄物を受け入れない自治体や一部事務組合、民間処分業者がいるとのうわさがあった。

しかしその実態については、国の安全基準である8000ベクレルを否定することでもあり、ほとんど明らかにされていなかった。

何かないのかと探し回っていると、環境省が汚染廃棄物の処分に関する委託調査を実施しているのを知った。だが調査報告書は公表されていなかった。

この原発事故をめぐっては、多くの省庁がさまざまな委託調査を実施してきた。その総数は分からないが、膨大な件数のはずだ。だが公表されている報告書は少ない。

「なぜ公表しないのか」と尋ねると、省庁の担当者は決まって「委託調査なんて公表する義務はない」と答える。取材の過程や、あるいは発注情報などで調査の存在を知り、情報公開請求すれば、開示はされる。確かに「隠している」とは言えないかもしれないが、少なくとも積極的に公表してはいない。

報告書を公表しないのに、なぜそのような調査をするのか。理由は簡単だ。政治家や官僚たちが、自ら進める政策の根拠とするためだ。もっとはっきり言えば、自分たちが決めた政策の正当性を補強するのが調査の目的だ。

問題の実態を公正に調査し、その処方箋として政策を考えるのが本来あるべき姿のはずだが、この国の政策決定、特に原発事故の処理については順序が逆転している。話は別だが、裁量労働に関する厚生労働省の調査なども同種の問題だろう。彼らに結論ありきの恣意的な政策決定をさせない方法はただ一つだ。地道に情報公開を求めていくしかない。


汚染廃棄物の話に戻したい。二〇一六年七月に調査報告書を環境省に情報公開請求すると、約一カ月後に報告書が開示された。

報告書のタイトルは「平成27年度放射性物質により汚染された廃棄物の実態調査及び最終処分場に関する技術的検討業務」とあった。環境省からの委託を受けて調査をしたのは、「一般社団法人日本廃棄物コンサルタント協会」。表紙には「平成28年3月」と作成時期が記載されていた。

報告書をめくったところ、東日本地域の廃棄物処分場に対して、汚染廃棄物の処分状況を尋ねるアンケート調査のようだった。

だが取材は報告書を入手したところで止まった。汚染土や除染の取材にかかりきりとなり、汚染廃棄物にまで手が回らなかったのだ。

指定廃棄物の現場から

水戸支局に異動する前日の二〇一七年三月三一日、環境省は茨城県内にある指定廃棄物三六四三トンの約八割が放射性セシウム濃度で８０００ベクレルを下回ったとする再測定結果を公表した。だが、基準を下回ったら即座に通常の廃棄物になるかと言えば、そうではない。市町村や業者などの保管者が解除を申請しなければならない。

これには指定廃棄物をめぐる六年間の紆余曲折《うよきょくせつ》が影響している。

福島県内の汚染廃棄物については、10万ベクレルを超えるものは中間貯蔵施設で保管され、10万ベクレル以下のものは、国有化した福島県富岡町内の管理型処分場に埋め立て処分することが決まっている。

むしろ混乱が続いているのは福島県外のほうだ。

環境省は二〇一二年三月、「指定廃棄物の今後の処理の方針」を公表。指定廃棄物は排出された都道府県内で処理し、量の多い各県には三年をめどに処分場を設置する方針を示した。さらに同年九月には栃木県矢板市と茨城県高萩市を処分場候補地として提示した。

突然の指名を受けた自治体は仰天した。当然ながら、「何の責任もないのに処分場を引き受けるいわれはない」と猛反発が起こった。

高萩市の草間吉夫市長のブログには激しい憤りが書き連ねられていた。「寝耳に水。寝ている所を急襲されたに等しい」「断固!大反対!!」。そして市長自ら反対署名を集めて歩き回った。二〇一二年一二月の衆院選で、民主党から自公に政権が戻り、環境省は二〇一三年二月、候補地二カ所の計画を撤回した。だが処分の大枠が変わったわけではなかった。

環境省は二〇一四年一月、宮城県の加美町、栗原市、大和町《たいわちょう》の三カ所を処分場建設候補地に選定。さらに同年七月には栃木県塩谷町を候補地とした。いずれも地元自治体、住民を挙げての反対運動が巻き起こった。

いっこうに処分場が決まらないのを受けて、国はついに方針を転換する。環境省は二〇一六年二月、茨城県と、実際に保管をしている同県内の一四市町村に対して「分散保管」の継続を容認すると伝えた。合わせて減衰して8000ベクレルを下回った場合、保管者が国に申請すれば指定解除できる手続きを設けた。解除されれば、通常の廃棄物と同様、自治体や民間業者が処分することになる。

処分場設置を事実上断念したこの方針転換について、多くのメディアが「現実的」と好意的に報じた。だが、そもそも放射能汚染は東京電力と国が引き起こしたもので、廃棄物ではなく汚染が問題なのだから、指定廃棄物を排出した県ごとに処分場を設けるというのは不合理が過ぎる。

保管期間が長引き、放射能が減衰して8000ベクレルを下回れば、自治体は汚染廃棄物の処分を押しつけられる。汚染を押しつける理不尽に変わりはない。

実際、汚染廃棄物がある自治体の首長から反発の声も上がった。仙台市の奥山恵美子市長は二〇一六年三月、「これまで指定廃棄物はすべて国が責任を持って処理すると言っていたのに、濃度が下がったら（一般廃棄物として）処理を地元自治体に委ねるというのは、国の責任の分量が減る方向に誘導していく考えではないか」と苦言を呈した。

国が処理責任を負わない以上、地元自治体や業者としては保管を続けるか、処分を引き受けるかしか選択肢がない。そもそものルールが不公正なのだ。

水戸支局の山下智恵記者は二〇一七年四月、茨城県高萩市内にある指定廃棄物となっている稲わらの保管場所を訪れた。田畑の奥にある山林の中に灰色のコンクリートでできた建物を見つけた。完成したばかりの指定廃棄物の保管庫だった。

建設費用は国が負担するものの、現地にある以上は土地所有者が保管責任を負う形になる。燃やせば放射能が濃縮されるだけだし、処分を引き受けてくれるアテもない。保管する業者は先が見えない悔しさを切々と訴えたという。

茨城県南部の四市で作る常総地方広域市町村圏事務組合も、同県守谷市内に指定廃棄物の保管庫を建設していた。同組合の清掃工場から出た汚染焼却灰をここで保管する。

驚くのは、その堅牢《けんろう》な造りだ。建物は高さ三メートルほどで、全面が厚さ三〇センチ以上のコンクリートで覆われていた。窓がないこともあり、まるで要塞のような物々しさだ。

ドラム缶に入った焼却灰をこの中に置くのだが、その保管期間、裏を返せば処分時期は、もちろん決まっていない。

さらに驚いたのは、茨城県がきっかけになり指定解除の手続きが設けられたにもかかわらず、県内では、まだ一件も解除申請がなかったことだ（二〇一八年三月末現在）。全国的に見ても、指定解除されたのは、千葉、山形、宮城三県の六四トンで、全体（約二〇万トン）の〇・〇三パーセントにとどまる。

なぜ指定解除が進まないのか。茨城県内の自治体担当者はこう明かした。「自前で処分場を持っていても、こっそり処分するわけにいかないし、周辺住民に説明しなければならない。明かしたら受け入れてもらえるはずもない。民間の産廃処分場にしても同じだ。結局のところ、いつ処分するかなど見当もつかないし、保管し続けるしかない」

報告書の中身

取材を進めると、汚染廃棄物の処分実態がほとんど明らかになっていない現状に突き当たった。保管が続く指定廃棄物はまだしも、指定されていないものは法律上は通常のごみと変わらない扱いだから、ルール上はこっそり処分することも可能だ。一方、８０００ベクレルを超える汚染廃棄物があっても、地域のイメージダウンを恐れて、あえて指定を受けなかった自治体もあるという。

何とか処分の実態をつかみたいと考えていたとき、情報公開請求で入手していた調査報告書を思い出した。

アンケートの対象は、関東・東北の一〇都県（岩手・宮城・山形・福島・茨城・栃木・群馬・埼玉・千葉・東京）にある廃棄物処分場のうち、管理型（遮水工や水処理施設を備えたもの）を中心とした計一三一カ所だった。明確な内訳は記載されていないが、約一〇〇カ所が公共、残りが民間の処分場のようだった。

報告書は大半が、8000ベクレルを下回る汚染廃棄物、特に燃やしたことで放射能濃度が上昇した焼却灰や飛灰の埋め立て処分に関するものだった。

例えば、焼却灰や飛灰の放射能濃度の最大値や平均値、あるいは埋め立て量の推移のほか、雨水浸入対策や覆土の厚さ、放流水に含まれる放射性セシウム濃度まで、事細かに尋ねていた。

報告書の中に気になるデータを見つけた。それは「特定一般廃棄物等の受入自主基準と保管状況」と「特定産業廃棄物最終処分場における受入自主基準と保管状況」という二つの表だった。

「特定一般廃棄物」「特定産業廃棄物」とは、避難指示区域外の廃棄物のうち、濃度が8000ベクレル以下のばいじんや焼却灰などだ。事故直後は6400ベクレルを超える恐れのある地域に限定して処分場周辺の地下水検査などの上乗せ規制を課していたが、二〇一二年一二月の省令改正で、焼却灰については通常の廃棄物と同様に処分できるとした（福島県を除く）。

二つの表は、縦に一〇都県の名前が並び、横には受入の自主基準として「なし及び8000

ベクレル以下」「10000〜30000ベクレル以下」「40000〜50000ベクレル以下」「5600〜6400ベクレル以下」「その他」と並んでいた。

これは国が事故後に定めた8000ベクレルの安全基準と別に独自の濃度基準を設けている処分場の存在を意味していた。

二つの表を見ると、調査対象一三一カ所のうち、少なくとも約一五パーセントにあたる一九カ所が独自基準を設けていた。具体的な施設名の記載はなく、特定産業廃棄物だけを埋め立てているのが二カ所あって重複が整理されていないため、厳密な実数は不明だった。

一五パーセントが高いかと言えば微妙ではある。だが、これまでの取材で、8000ベクレル以下の汚染焼却灰を処分せずこっそり保管し続けている自治体や一部事務組合も多いと聞いていた。それを考えると、一五パーセントであっても、汚染廃棄物の処分に対する強い抵抗感を示していると言えそうだった。

この調査について環境省に問い合わせると、二〇一六年度も同様の調査を実施していることが分かった。報告書は年度末に委託先がまとめているという。さっそく、山下記者に情報公開請求をしてもらい、二〇一六年度の報告書も入手した。

二〇一六年度の報告書では、一〇都県一四一施設のうち一二八カ所から回答が寄せられ、このうち民間施設は一五カ所となっていた。

二〇一六年度も独自基準について尋ねていた。ただ設問の区分が前年度と少し変わっており、「なし」「3000ベクレル以下」「3000~5000ベクレル以下」「5000~8000ベクレル以下」「その他」「無回答」となっていた。

回答のあった一二八カ所のうち、独自基準を「なし」と答えたのは九九カ所。残る二九カ所は、「3000ベクレル以下」＝六カ所、「3000~5000ベクレル以下」＝五カ所、「5000~8000ベクレル以下」＝一五カ所、「その他」＝一カ所、「無回答」＝二カ所――だった。実に約二割の処分場が独自基準を設けていた。調査に回答した民間の処分場は一五カ所なので、自治体などの公共処分場でも独自基準を設けているところがある。しかも、単純比較はできないが、独自基準を設けている処分場が減っていない。これは事故から五年が過ぎても、8000ベクレルの基準、そして汚染廃棄物の処分が受け入れられていない実状を示していた。

処分は忘れられてから

この報告書だけでも新聞記事としてはかろうじて成立する。だが、どこか物足りない。なぜ独自基準を設けるのか、その理由をはっきりさせる処分場経営者の肉声が必要だった。

報告書には独自基準を設けた処分場はおろか、アンケート調査に答えた処分場の具体名も載っていない。書かれているのは、都県ごとの処分場の個所数だけだ。

二〇一六年度調査に回答した処分場一〇都県一二八カ所のうち茨城県内は一五カ所（うち民間は一一カ所）だった。このうち四カ所が独自基準を持っていると答えた。これを割り出し、取材に答えてもらえないかと考えた。

二〇一八年二月、山下記者は独自基準の有無を尋ねるアンケート用紙を茨城県内の処分場約二〇カ所に送った。「独自基準はない」という回答はすぐ返ってきた。だが「独自基準がある」との答えはなかなか届かなかった。取材に応じることは「国策に従っていない」と宣言するも同然なのだから、躊躇《ちゆうちよ》するのは当たり前だった。そして期限を過ぎても回答が来ない処分場が三カ所残った。

このまま待ち続けても回答は来そうになく、山下記者が直接尋ねることにした。しかし二カ所は、担当者が「取材には協力できない」と繰り返すばかりで、独自基準の有無すら答えなかった。「もうここまでか……」と絶望しかけたとき、最後の一カ所でかすかに手応えがあった。その処分場を経営する会社の役員は「アンケートには協力できない」と言った後にこう続けた。

「(独自)基準はあるよ」

山下記者が「なぜ設けているのか」と食い下がると、役員は「国は8000ベクレルとか言っているけど根拠が分からない。8000なんてとてもじゃないけど受け入れられないから」とはっきり答えた。

この処分場では、自治体の清掃工場から出た焼却灰を埋め立てていた。焼却灰は濃縮されて放射能が高濃度になる。「現状では(処分は)無理だよね」とこぼした。

「なぜ無理なのか」。さらに食い下がると、役員は「地域住民がどう思うか。8000以下になったから埋め立てますよと言ったら、我々は疑念を抱かれる。個人的な感想だけど、三〇年とか五〇年とか放っておいて、みんな忘れたころに処分すればいい。濃度も減っている。焦ってなくそうとしている環境省は違うんじゃないのと思うし、実際にそう言ったこともあるよ」。

ずばり独自基準の値も尋ねた。だがそれには答えなかった。

「それはまあ秘密だね。ちょっと言えない。でも、基準はだいぶ下げたよ。最初は本当に困っているところのはやった(処分した)けどね」

この処分場に焼却灰を出していると思われる自治体や、処分場の監督権を持つ茨城県の担当者に汚染廃棄物の独自基準について尋ねると、事故直後は4000ベクレル、最近は1000ベクレルほどに設定している処分場が複数あることが分かった。

一方、独自基準を持っていないと回答した多くの公共処分場も、8000ベクレルを下回った汚染廃棄物を保管したまま処分していないのだから、さほどの違いはない。現段階で処分する意思がなく、住民たちが忘れるのを待っているのは同じということだ。

二〇一八年三月一五日、山下記者は環境省での取材に臨んだ。相手は廃棄物規制課（産廃担当）と廃棄物適正処理推進課（一般廃担当）の課長補佐二人だった。独自基準を設けて、受け入れを制限している処分場について、二人は「8000ベクレルは保守的な数字。独自基準を設けて影響が出るのは望ましくない。そうした科学的根拠に基づかないことはやらないような方向にしたい」と話した。どこか他人事に聞こえるコメントだ。それはそうだろう。国が処分の責任を負わないルールなのだから。

一方、処理の責任を押しつけられた側は、汚染廃棄物の存在が世間から忘れ去られ、ひっそりと埋め立て処分できる日を待ち望んでいる。あまりにゆがんだ構図と言うほかない。

同年五月六日、「毎日新聞」朝刊社会面に「原発事故廃棄物　独自に制限／処分場の2割　受け入れに抵抗感」という記事を掲載した。ゴールデンウィーク中だったせいもあるが、その後しばらくメディアの反応はなかった。だが五月二一日、共同通信が追報し、配信を受けている新聞各紙に掲載された。

報道に何ができるだろう。せめて原発事故の被害を可視化し続け、一方的で理不尽なルールを追及し続けるしかない。

私たちはこの事故を忘れていないと。

あとがき　原発事故が壊したもの

世界史に刻まれる原発事故を最前線で報道したい。

それが筆者の取材の出発点だった。だが五年に及んだ調査報道に一段落がついた今、自分が追い続けたものはいったい何だったのだろうと考えあぐねている。

新築したマイホームの真下に汚染土が埋まっていた福島市の大槻さん夫妻は二〇一七年末、市によるフレコンバッグの撤去作業を認めた。

市がいっこうに責任を認めず、事態が動かなくなったため、認めざるを得なくなったのだ。話し合いを続けても、市の担当者が次々と代わり、そのたびに一から話を始めることの繰り返しだった。夫の真さんはこぼした。「らちがあかないし、もう諦めたという感じです」

伊達市では二〇一八年一月に市長選が行われ、現職の仁志田昇司市長が、福島県職員から転じた新人候補に敗れた。市民をだました報いとも言えるが、手放しでは喜べない。坂本美津子さんは「何も変わらないでしょう。むしろ仁志田市長たちがやってきたことが消されてしまうのではないかと心配。あの人たちは何も反省していない」と悔しさをにじませた。

「30年中間貯蔵施設地権者会」の門馬好春事務局長は二〇一八年三月、東京簡易裁判所に調停を申し立てたが、六月、不調に終わった。環境省との交渉は続いているものの、三〇年後に土地が返ってくる確約はもちろん得られていない。

そして環境省。小野洋氏は審議官に昇進した。除染に限ったことではないが、この事故の取材で対峙した官僚たちは次々と出世していく。彼らがしたことがいったい何であったか、もはや説明の必要はあるまい。これだけの欺瞞を重ねても組織内で高く評価されるというのは、欺瞞自体が彼らのミッション（使命）だったと考えるしかない。

環境省は二〇一八年三月、除染作業が前年三月末でおおむね終了したのを記念し、除染の意義や課題、教訓をまとめた『除染事業誌』を公表した。

三〇〇ページを超える大作で、経緯と概要、特徴と意義、制度と工法、実施、効果・検証・

リスクコミュニケーション、課題と教訓――の六章で構成されている。

事故後に制定された「放射性物質汚染対処特別措置法」や、中間貯蔵施設の保管期間を最長三〇年と定めた「中間貯蔵施設等の基本的考え方」など関係する法令や通知のほか、除染予算が二〇一七年度までに三兆二五三二億円に上り、二〇一六年度までに二兆六二五〇億円を支出したことまで、除染に関する事実関係を網羅しており、史料としての価値は高い。


編集委員長の鈴木基之・東京大学名誉教授の巻頭言にはこう書かれていた。

「この難事業を遂行した過程で得られた知識や知恵、それは計画の未熟さや、状況の把握や理解の不十分さから起こった誤りであったかも知れないが、いずれにせよ、人類初めての過酷事故に挑んだ環境回復の記録から学んだ諸々の教訓をキッチリと残していくことが、いわば後世に対する我々の義務であり、ひいては世界に対する責任でもある」

正面から教訓と向き合っているかもしれない、と期待を抱いた。だが読み進めていくうちに期待はしぼんでいった。除染を進めた為政者の真意はおろか、被災者たちの希望を失望に変えた懺悔《ざんげ》すら載っていない。愚かな国策をひたすら正当化していた。

これまで取材で対峙してきた人々も寄稿していた。前原子力規制委員会委員長の田中俊一氏は、二〇一一年五月に飯舘村長泥地区で実施した除染作業に触れ、「その中で、全く予想しなかったことが、家の周りの杉林『えぐね』の枝葉に付着した放射性セシウムで、当初毎時10〜15マイクロシーベルトの空間線量率は、2〜4マイクロシーベルトまで下がったものの、『えぐね』の放射能の影響で目標は達成できなかった」と、当初思うようにいかなかったことを認めた。

一方で、田中氏はこのように持論を展開した。

「除染に実現不可能な過大な負担が課せられるようになり、住民の避難を早期に解除するためのという当初の目的が変質し、結果的には避難解除が長引く原因になっている。そもそも、事故直後の避難基準は、帰還困難区域は、年間50ミリシーベルトを超える区域、年間20ミリシーベルト以下であれば、生活を維持しながら少しずつ線量を下げるということであり、除染は年間20ミリシーベルト以下にすることを目指すことであったはずである。しかし、年間1ミリシーベルト以下にすべきという一部の世論に加えて、国（文部科学省）が避難の判断のために示した空間線量率から年間被ばく線量を推定する算式は、実際の個人線量計による被ばく線量（線量当量）より3—4倍過大評価になることもあって、除染が非常に難しい状況に置かれてしまっているのが現状である」

要は国が決めた年間20ミリシーベルトの基準に従わず、1ミリシーベルトまで除染しろと求める被災者、国民が愚かだと言いたいのだ。だが、拙著でも繰り返し論じてきた通り、被災者は「原発事故による無用の被曝を引き受けるいわれはない」と訴えている。避難もままならず、除染を求めるしかない被災者に批判の矛先を向けるなど許されない。


伊達市の半澤隆宏氏も寄稿していた。やはり除染を求める被災者への責任転嫁だ。

「住民感情、安全や安心に対する一人ひとりの考え方の差、逆に一律を求める住民意識、様々な誤解や要求への対応が迫られた」

「除染の効果を科学的に説明すれば、住民も除染に取り組んでくれると思い、七月から除染の実施に向けた説明会を始めた。しかし、住民からの仮置場への頑《かたく》なな抵抗という、思いがけない事態から除染が進まなくなってしまった」


この五年間を振り返ると、原発事故そのものというよりは、この事故を「終わったこと」「なかったこと」にしようと、姑息な手を繰り出す為政者たちの「真意」を追ったという感覚だ。

あの地震、そして原発事故が起きた二〇一一年三月一一日、筆者は当時担当していた大阪地裁にいた。震源から遠く離れた大阪でも揺れが長く続き、平日は福島県内で仕事をしていた父親の安否が気にかかった。だが繰り返し電話をかけてもつながらず、夜になってようやく無事を確認できた。

当日の記憶は鮮明だが、翌日以降のことはあまり覚えていない。あまりに忙しかったからだ。東京科学環境部の応援取材に入り、交代で経済産業省や東電本店に張り込み、時に深夜や未明まで断続的に開かれる記者会見を聞いて急いで原稿を作る。そんな日々が続いた。

事故発生直後のメディア報道に対して、「発表のたれ流し」や、果ては「大本営発表」とまで厳しい批判があるのは承知している。だが、今振り返っても、あのとき違うことができたかと言えば、我ながら疑問だ。行政や大企業が発表した内容を正確に報じるのもメディアの大事な仕事であるし、すべてを否定はできない。

二カ月ほどで応援取材から解放されて大阪に戻ったが、満足な仕事ができなかった悔しさが残り、しばらく事故の報道から目を背けていた。だが半年もすると、心境に変化があった。この事故の取材から逃げたまま記者人生を終えれば、きっと後悔するに違いないと思ったのだ。

筆者はこの時点で三六歳だった。新聞記者の現役生活は意外に短い。四〇歳前後で地方支局や本社のデスクとなり、取材現場を離れて原稿を直す側に回る（先に触れた通り、筆者は二〇一七年四月、水戸支局次長に着任。この本の原稿は水戸で執筆している）。

残り短い現役の記者生活をこの事故取材に懸けたい、そう思い立って東京への異動を希望した。ありがたいことに聞き入れられ、二〇一二年四月から五年間にわたりこの事故の調査報道を続けてきた。

「放射能の危険をあおっている」「風評被害だ」。筆者の書いた記事や著書に対する批判の定番だ。本人からすれば、そんなつもりは微塵《みじん》もないのでまったく理解できない。一方、逆の考え方の人々からは「もっと放射能の危険性を報じてほしい」と、しばしば指摘されてきた。だが、これもまたしっくりこない。

繰り返しになるが、筆者はこの五年間、被災者の意向を無視して進められた一方的な国策が民主主義を壊したと報じたに過ぎない。

二〇一二年度は、事故の健康影響を調べる県民健康管理調査（現・県民健康調査）で、被害の矮小化を話し合う「秘密会」が開かれていた事実を暴いた。

二〇一三年度は、復興庁参事官による「暴言ツイッター」の報道を皮切りに、緊急時の被曝限度として導入した年間20ミリシーベルトを平時の基準にすり替え、一方的に避難指示解除を進めた欺瞞をえぐり出した。

二〇一四、一五年度は、避難指示区域外から遠方に避難したいわゆる「自主避難者」に対する住宅提供の打ち切りを中心に、とにかく避難を早く終えさせようと焦る為政者の真意を浮き彫りにした。二〇一六年度は、事故処理を早く終わらせる武器として進めた除染の実態、そして汚染土の無責任な後始末に迫った。

取材対象が原発事故なのは同じでも、健康調査、自主避難者、住宅政策、除染と少しずつテーマを変えながら追いかけ続けてきた。テーマによって担当する省庁や官僚は違うにもかかわらず、密室で検討し、被災者の要望を無視した施策を打ち出し、「決まったことだから」と一方的に押しつける。判で押したようにパターンは同じだ。被災者と話し合い、真摯に耳を傾ける姿勢は皆無だった。それどころか彼らは一貫して事故を「なかったこと」にしようとしてきた。放射能は五感で認知できない。事故を可視化する避難者や汚染土は邪魔な存在なのだ。

この五年間、筆者が報道にかけた労力は変わっていない。いや、それどころか増していったと自負している。だが、事故報道に対する世間の反響や関心は薄れる一方だ。これが風化なのだろう。そして世間が忘れれば忘れるほど、為政者は恣意的な国策を一方的に進めやすくなる。

東日本大震災にともなう福島第一原子力発電所事故は多くのものを破壊し奪った。

この事故を「終わったこと」「なかったこと」にする国策は、この国の民主主義を支えてきた基盤を壊したのだ。

南スーダンに派遣された陸上自衛隊の日報問題、森友・加計の両学園問題、そして裁量労働制に関する厚生労働省のデータ問題……。

近年、政治や国会審議で大きく取り上げられた問題を振り返ると、本書で見てきた原発事故対応と構図が酷似している。

問われているものは、為政者の情報公開と国民の知る権利の在り方である。

問題が生じれば行政に不都合な公文書を隠し、隠しきれなくなった途端、「実はありました」と言い出す。なおかつ、森友学園への国有地売却をめぐる決裁文書に至っては隠蔽どころか改竄にまで手を染めていたのだ。末端の近畿財務局の職員は改竄への自責の念から自ら命を絶ったが、命じた人間たちは容疑のかかった権力者の庇護下で栄転し、手厚くかくまわれているありさまだ。霞が関では当たり前のことなのだろう。

この国は事故以前からそういう国だったのだ。そして地震の亀裂からこの国の暗部が現れた。未曽有の危機が訪れたとき、為政者は自己防衛に走り、いとも簡単に国民を棄てる。そんな冷酷な真実が明らかになったのだ。

健全な民主主義を支える基盤は、行政の情報公開と報道による監視だと信じる。権力機構の匿名性を悪用し、責任を取らない人間たちを見過ごしてはいけない。行政のプロセスを可視化することは、責任の所在を明確にすると同時に、不正を防ぐ最後にして唯一の方法なのだ。これを実現するのは調査報道しかない。だからこそ調査報道には国民の支持が欠かせない。

あの事故の経験をどうするのか。民主主義を守り育てる方向で生かすのか、それとも為政者にすべてを委ねてやり過ごすのか。今、国民一人ひとりが選択を迫られている。

前述した通り、この本の原稿は異動先の水戸で執筆した。多忙な支局次長の業務の合間をぬって、深夜や休日のファミリーレストランで細々と執筆を続けた。

集英社の元編集者、鈴木耕さんから集英社新書編集部の伊藤直樹編集長を御紹介いただいた。

僭越《せんえつ》ながら、伊藤さんとは情報公開、そして民主主義への問題意識を共有していると感じ、確信を持って書き上げることができた。ありがたい御縁をいただいたことに感謝を申し上げたい。また中筋純さんには数々の貴重な写真を御提供いただいた。汚染土の山が発する禍々《まがまが》しさを見事に写し出してくださった。御礼を申し上げたい。

この原発事故の調査報道をテーマにした拙著はこれで五冊目となった。おそらく最後になるであろうこの一冊で、ようやく伝え切れたと感じている。読んでいただいた皆様に感謝を申し上げたい。

日野行介

二〇一八年一〇月

章扉・地図・図版作成／ＭＯＴＨＥＲ
撮影のクレジットがない写真はすべて毎日新聞社提供

日野行介（ひの こうすけ）

一九七五年生まれ。毎日新聞記者。九州大学法学部卒。一九九九年毎日新聞社入社。大津支局、福井支局敦賀駐在、大阪社会部、東京社会部、特別報道グループ記者を経て、水戸支局次長。福島県民健康管理調査の「秘密会」問題や復興庁参事官による暴言ツイッター等多くの特報に関わる。著書に『福島原発事故 県民健康管理調査の闇』『福島原発事故 被災者支援政策の欺瞞』（いずれも岩波新書）、『原発棄民 フクシマ5年後の真実』（毎日新聞出版）等。

除《じょ》染《せん》と国《こっ》家《か》 21世《せい》紀《き》最《さい》悪《あく》の公《こう》共《きょう》事《じ》業《ぎょう》

集英社新書〇九五七A

二〇一八年一一月二一日 第一刷発行

著者……日野《ひの》行介《こうすけ》

発行者……茨木政彦

発行所……株式会社集英社

東京都千代田区一ツ橋二-五-一〇 郵便番号一〇一-八〇五〇

電話 〇三-三二三〇-六三九一（編集部）

〇三-三二三〇-六〇八〇（読者係）

〇三-三二三〇-六三九三（販売部）書店専用

装幀……原 研哉

印刷所……凸版印刷株式会社

製本所……ナショナル製本協同組合

定価はカバーに表示してあります。

 ISBN 978-4-08-721057-6 C0231

政治・経済——A

a pilot of wisdom

安倍官邸とテレビ　砂川浩慶
普天間・辺野古 歪められた二〇年　宮城大蔵／渡辺豪
イランの野望 浮上する「シーア派大国」　鵜塚健
自民党と創価学会　佐高信
世界「最終」戦争論 近代の終焉を超えて　内田樹／姜尚中
日本会議 戦前回帰への情念　山崎雅弘
不平等をめぐる戦争 グローバル税制は可能か？　上村雄彦
中央銀行は持ちこたえられるか　河村小百合
近代天皇論 ──「神聖」か、「象徴」か　片山杜秀／島薗進
地方議会を再生する　相川俊英
ビッグデータの支配とプライバシー危機　宮下紘
スノーデン 日本への警告　エドワード・スノーデン／青木理 ほか
閉じてゆく帝国と逆説の21世紀経済　水野和夫
新・日米安保論　柳澤協二／伊勢﨑賢治／加藤朗
グローバリズム その先の悲劇に備えよ　中野剛志／柴山桂太
世界を動かす巨人たち〈経済人編〉　池上彰
アジア辺境論 これが日本の生きる道　内田樹／姜尚中

ナチスの「手口」と緊急事態条項　長谷部恭男／石田勇治
改憲的護憲論　松竹伸幸
「在日」を生きる ある詩人の闘争史　金時鐘／佐高信
決断のとき──トモダチ作戦と涙の基金　小泉純一郎／取材・構成 常井健一
公文書問題 日本の「闇」の核心　瀬畑源
大統領を裁く国 アメリカ　矢部武
国体論 菊と星条旗　白井聡
広告が憲法を殺す日　本間龍／南部義典
よみがえる戦時体制 治安体制の歴史と現在　荻野富士夫
権力と新聞の大問題　望月衣塑子／マーティン・ファクラー
「改憲」の論点　木村草太／青井未帆 ほか
保守と大東亜戦争　中島岳志
富山は日本のスウェーデン　井手英策
スノーデン 監視大国 日本を語る　エドワード・スノーデン／国谷裕子 ほか
「働き方改革」の嘘　久原穏
国権と民権　佐高信／早野透
限界の現代史　内藤正典

社会——B

- 原発ゼロ社会へ！ 新エネルギー論　広瀬 隆
- エリート×アウトロー 世直し対談　堀田 力／玄 秀盛
- 自転車が街を変える　秋山岳志
- 原発、いのち、日本人　浅田次郎／藤原新也 ほか
- 「知」の挑戦 本と新聞の大学Ⅰ　一色 清／姜尚中 ほか
- 「知」の挑戦 本と新聞の大学Ⅱ　一色 清／姜尚中 ほか
- 東海・東南海・南海 巨大連動地震　高嶋哲夫
- 千曲川ワインバレー 新しい農業への視点　玉村豊男
- 教養の力 東大駒場で学ぶこと　斎藤兆史
- 消されゆくチベット　渡辺一枝
- 爆笑問題と考える いじめという怪物　太田 光／NHK「探検バクモン」取材班
- 部長、その恋愛はセクハラです！　牟田和恵
- モバイルハウス 三万円で家をつくる　坂口恭平
- 東海村・村長の「脱原発」論　村上達也／神保哲生
- 「助けて」と言える国へ　奥田知志／茂木健一郎
- わるいやつら　宇都宮健児

- ルポ「中国製品」の闇　鈴木譲仁
- スポーツの品格　桑田真澄／佐山和夫
- ザ・タイガース 世界はボクらを待っていた　磯前順一
- ミツバチ大量死は警告する　岡田幹治
- 本当に役に立つ「汚染地図」　沢野伸浩
- 「闇学」入門　中野 純
- 100年後の人々へ　小出裕章
- リニア新幹線 巨大プロジェクトの「真実」　橋山禮治郎
- 人間って何ですか？　夢枕 獏 ほか
- 東アジアの危機「本と新聞の大学」講義録　一色 清／姜尚中 ほか
- 不敵のジャーナリスト 筑紫哲也の流儀と思想　佐高 信
- 騒乱、混乱、波乱！ ありえない中国　小林史憲
- なぜか結果を出す人の理由　野村克也
- イスラム戦争 中東崩壊と欧米の敗北　内藤正典
- 刑務所改革 社会的コストの視点から　沢登文治
- 沖縄の米軍基地「県外移設」を考える　高橋哲哉
- 日本の大問題「10年後を考える」——「本と新聞の大学」講義録　一色 清／姜尚中 ほか

原発訴訟が社会を変える　河合弘之
奇跡の村　地方は「人」で再生する　相川俊英
日本の犬猫は幸せか　動物保護施設アークの25年　エリザベス・オリバー
おとなの始末　落合恵子
性のタブーのない日本　橋本治
ジャーナリストはなぜ「戦場」へ行くのか――取材現場からの自己検証　危険地報道を考えるジャーナリストの会・編
医療再生　日本とアメリカの現場から　大木隆生
ブームをつくる　人がみずから動く仕組み　殿村美樹
「18歳選挙権」で社会はどう変わるか　林大介
3・11後の叛乱　反原連・しばき隊・SEALDs　笠井潔　野間易通
「戦後80年」はあるのか――「本と新聞の大学」講義録　一色清　姜尚中ほか
非モテの品格　男にとって「弱さ」とは何か　杉田俊介
「イスラム国」はテロの元凶ではない　グローバル・ジハードという幻想　川上泰徳
日本人　失格　田村淳
たとえ世界が終わっても　その先の日本を生きる君たちへ　橋本治
あなたの隣の放射能汚染ゴミ　まさのあつこ
マンションは日本人を幸せにするか　榊淳司

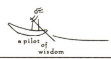

敗者の想像力　加藤典洋
人間の居場所　田原牧
いとも優雅な意地悪の教本　橋本治
世界のタブー　阿門禮
明治維新150年を考える――「本と新聞の大学」講義録　一色清　姜尚中ほか
「富士そば」は、なぜアルバイトにボーナスを出すのか　丹道夫
男と女の理不尽な愉しみ　林真理子　壇蜜
欲望する「ことば」「社会記号」とマーケティング　嶋浩一郎　松井剛
ぼくたちはこの国をこんなふうに愛することに決めた　高橋源一郎
ペンの力　浅田次郎　吉岡忍
「東北のハワイ」は、なぜV字回復したのか　スパリゾートハワイアンズの奇跡　清水一利
村の酒屋を復活させる　田沢ワイン村の挑戦　玉村豊男
デジタル・ポピュリズム　操作される世論と民主主義　福田直子
戦後と災後の間――溶融するメディアと社会　吉見俊哉
「定年後」はお寺が居場所　星野哲
ルポ　漂流する民主主義　真鍋弘樹
ルポ　ひきこもり未満　池上正樹